塑料模具结构

主　编　刘钰莹

副主编　彭　浪

参　编　郑　莹　周　勤　鲁红梅

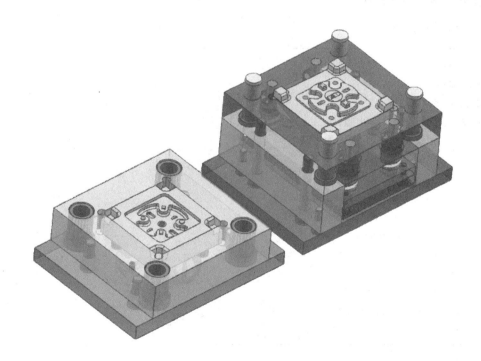

西南师范大学 出版社

国家一级出版社　全国百佳图书出版单位

图书在版编目(CIP)数据

塑料模具结构 / 刘钰莹主编. -- 重庆:西南师范
大学出版社, 2016.8
　　ISBN 978-7-5621-8193-4

　　Ⅰ.①塑… Ⅱ.①刘… Ⅲ.①塑料模具 – 结构 – 教材
Ⅳ.①TQ320.5

　　中国版本图书馆CIP数据核字(2016)第193086号

塑料模具结构

主　编:刘钰莹

策　　划:刘春卉　杨景罡
责任编辑:曾　文
封面设计:畅想设计
出版发行:西南师范大学出版社
　　　　　地址:重庆市北碚区天生路2号
　　　　　邮编:400715
　　　　　电话:023-68868624
　　　　　网址:http://www.xscbs.com
印　　刷:重庆五洲海斯特印务有限公司
开　　本:787mm×1092mm　　1/16
印　　张:16.25
字　　数:317千字
版　　次:2016年11月 第1版
印　　次:2016年11月 第1次
书　　号:ISBN 978-7-5621-8193-4

定　　价:38.00元

　　尊敬的读者,感谢您使用西师版教材!如对本书有任何建议或
要求,请发送邮件至xszjfs@126.com。

编 委 会

前言
PREFACE

本书根据中职学校人才培养目标的准确定位,在市场调研和总结近几年各学校模具专业课程教改的基础上撰写而成。

本书共5个项目,介绍了壳形件模具结构、平板件模具结构设计、直齿轮模具结构设计、水杯模具结构设计、电池盖模具结构设计。

本教材具有以下特点:

(1)以典型塑件模具结构设计的工作过程为导向,通过案例引入、任务分析、任务实施等完成单个案例的训练,并通过要求学生完成其他案例对应的工作任务,达到检测学生学习情况的目的。

(2)本教材内容强化职业技能和综合技能的培养,与职业技能鉴定相融合,要求教师在"教中做"、学生在"做中学"。

(3)本教材与学校建设的注射模具资源库结合为一体,提供电子课件、动画、素材等。教材内附有大量的模具结构图和来自企业的模具工程图,用形象、直观的图形语言来讲述复杂的问题,以降低学习难度,使复杂问题简单化,抽象问题形象化,从而提高学生的学习兴趣,改善教学效果。

本书由重庆市轻工业学校刘钰莹主编,彭浪、郑莹、周勤、鲁红梅参与编写。

　　本书可作为中职学校的塑料模具设计教材,也可供从事塑料制品生产和塑料模具设计的工程技术人员和自学者参考使用。

　　在本书的编写过程中,我们参考了国内公开出版的同类书籍并引用了部分图表,在此向这些书籍的作者表示感谢!

　　由于编者水平有限,书中难免存在纰漏和不足之处,恳请广大读者和专家批评指正。

目录

CONTENTS

项目一 壳形件模具结构

　　本项目以某企业中小批量生产的塑料壳体为载体,如下图所示,培养合理选择与分析塑料原料的能力。要求塑料壳体具有较高的抗拉、抗压性能和耐疲劳强度,外表面无瑕疵、美观,性能可靠,要求设计一套成型该塑件的模具。通过本项目的学习,完成对塑件材料的选择及对材料使用性能和成型工艺性能的分析。通过识读模具装配图,了解模具结构及其组成。

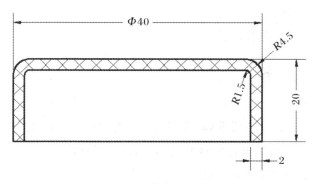

塑料壳体

目标类型	目标要求
知识目标	(1)掌握塑料的概念及组成 (2)掌握热固性塑料、热塑性塑料的概念以及二者的区别 (3)了解热固性塑料和热塑性塑料的成型特性 (4)掌握常用塑料的名称和代号 (5)熟悉常用塑料的基本特性、成型特点和主要用途
技能目标	(1)会分析并选择塑料种类 (2)会分析给定塑料的使用性能和工艺性能
情感目标	(1)学会表达自己的观点 (2)能自学或是与同伴一起合作学习 (3)能利用网络资源查看、收集学习资料

任务一 塑料的组成及分类

任务目标

(1)熟悉塑料的组成及性能。

(2)掌握塑料的分类。

(3)能分析塑料的工艺性能。

任务分析

表 1-1-1 是 I 型(无冲击要求)和 II 型(高抗冲击要求)饮水用管材配方。

(1)请阅读表1-1-1,指出各材料组成部分的类型与作用。

(2) I 型和 II 型配方有什么区别?

表1-1-1 饮水用管材配方

序号	材料组成名称	I 型(份)	II 型(份)
1	PVC树脂(中-高分子量)	100	100
2	硫酸锡	0.5~2.0	0.5~2.0
3	润滑剂	0.5~2.0	0.5~2.0
4	抗冲击改性剂	0~5.0	8.0~15.0
5	加工助剂	2.0~5.0	2.0~5.0
6	颜料	1.9~2.0	1.9~2.0

任务实施

(1)阅读PVC及其助剂的有关内容。

(2)分析表1-1-1各组分的类型与作用。

(3)分析两种配方的区别。

相关知识

一、树脂与塑料

塑料的主要成分是树脂。最早,树脂是从树木中分泌出的脂物,如松香就是从松树分泌出的乳液状松脂中分离出来的。后来发现,从热带昆虫的分泌物中也可提取树脂,如虫胶;有的树脂还可以从石油中得到,如沥青。这些都属于天然树脂,其特点是无明显熔点,受热后渐渐软化,可溶解于有机溶剂,而不溶解于水等。

随着生产的发展,天然树脂在数量和质量上都远远不能满足需要,于是人们根据天然树脂的分子结构和特性,应用人工方法制造出了合成树脂。例如,酚醛树脂、氨基树脂、环氧树脂、聚乙烯、聚氯乙烯等都属于合成树脂。目前,我们所使用的塑料一般都是用合成树脂制成的,而很少采用天然树脂。因为合成树脂具有优良的成型工艺性,有些合成树脂也可以直接作为塑料使用(如酚醛树脂、氨基树脂、聚氯乙烯等)。

塑料是以高分子合成树脂为基本原料,加入一定量的添加剂(也称加工助剂)而组成,在一定的温度压力下可塑制成具有一定结构形状、能在常温下保持其形状不变的材料。

1. 聚合物的特点

合成树脂是由一种或几种简单化合物通过聚合反应而生成的一种高分子化合物,也叫聚合物,这些简单的化合物也叫单体。合成树脂是一种聚合物,所以分析塑料的分子结构实质上是分析聚合物的分子结构。

如果聚合物的分子链呈不规则的线状(或者团状),且聚合物是由一根根分子链组成的,则称为线型聚合物,如图1-1-1(a)所示;如果在大分子的链之间还有一些短链把它们连接起来,成为立体结构,则称为体型聚合物,如图1-1-1(b)所示;此外,还有一些聚合物的大分子主链上带有一些或长或短的小支链,整个分子链呈枝状,如图1-1-1(c)所示,则称为支链型聚合物。

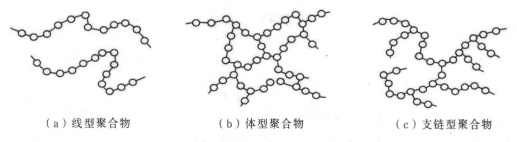

(a)线型聚合物　　　　　(b)体型聚合物　　　　　(c)支链型聚合物

图1-1-1　高分子化合物的结构示意图

聚合物的分子结构不同,其性质也不同。

(1)线型聚合物的物理特性为具有弹性和塑性,在适当的溶剂中可溶解,当温度升高时,则软化至熔化状态而流动,可以反复成型,这样的聚合物具有热塑性。

(2)体型聚合物的物理特性是脆性大和塑性很低,成型前是可溶和可熔的,而一经硬化成型(化学交联反应)后,就成为不溶不熔的固体,即便在更高的温度下(甚至被烧焦炭化)也不会软化,因此,这种材料具有热固性。

2. 聚合物的聚集态结构及其性能

聚合物由于分子特别大且分子间引力也较大,容易聚集为液态或固态,而不形成气态。固体聚合物的结构按照分子排列的几何特征,可分为结晶型和非结晶型(或无定形)两种。

(1)结晶型聚合物。

结晶型聚合物由"晶区"(分子有规则紧密排列的区域)和"非晶区"(分子处于无序状态的区域)所组成,如图1-1-2所示。晶区所占的重质量或体积分数称为结晶度,低压聚乙烯在25 ℃时的结晶度为85% ~ 90%。通常聚合物的分子结构简单,主链上带有的侧基体积小、对称性高、分子间作用力大,则有利于结晶;反之,则对结晶不利或不能形成结晶区。结晶只发生在线型聚合物和含交联不多的体型聚合物中。

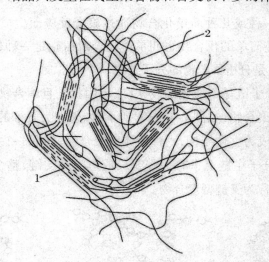

1—晶区;2—非晶区

图1-1-2　结晶型聚合物晶区形态

结晶对聚合物的性能有较大影响。由于结晶造成了分子紧密聚集状态,增强了分子间的作用力,所以使聚合物的强度、硬度、刚度及熔点,耐热性和耐化学性等性能有所提高,但与链运动有关的性能如弹性、伸长率和冲击强度等则有所降低。

（2）非结晶型聚合物。

对于非结晶型聚合物的结构,过去一直认为其分子排列是杂乱无章、相互穿插交缠的。但在电子显微镜下观察,发现非结晶型聚合物的质点排列不是完全无序的,而是大距离范围内无序、小距离范围内有序,即"远程无序、近程有序"。体型聚合物由于分子链间存在大量交联,分子链难以做有序排列,所以绝大部分是非结晶型聚合物。

二、塑料的组成

塑料是以合成树脂为基本原料,再加入能改善其性能的各种各样的添加剂而制成的。在塑料中,树脂起决定性的作用,但也不能忽略添加剂的作用。

（1）树脂。

树脂是塑料中最重要的成分,它决定了塑料的类型和基本性能（如热性能、物理性能、化学性能、力学性能等）。在塑料中,它联系或胶黏着其他成分,并使塑料具有可塑性和流动性,从而具有成型性能。

树脂包括天然树脂和合成树脂。在塑料生产中,一般采用合成树脂。

（2）填充剂。

填充剂又称填料,是塑料中的重要的但并非每种塑料必不可少的成分,如图1-1-3所示。填充剂与塑料中的其他成分机械混合,它们之间不起化学作用,但与树脂牢固胶黏在一起。

填充剂在塑料中的作用有两个:一是减少树脂用量,降低塑料成本;二是改善塑料的某些性能,扩大塑料的应用范围。在许多情况下,填充剂所起的作用是很大的,例如,聚乙烯、聚氯乙烯等树脂中加入木粉后,既克服了它的脆性,又降低了成本。用玻璃纤维作为塑料的填充剂,能使塑料的力学性能大幅度提高,而用石棉作为填充剂则可以提高塑料的耐热性。有的填充剂还可以使塑料具有树脂所没有的性能,如导电性、导磁性、导热性等。

常用的填充剂有碳酸钙类填充剂、木粉、纸浆、云母、石棉、玻璃纤维等。

图1-1-3 填充剂

图1-1-4 增塑剂

(3)增塑剂。

有些树脂(如硝酸纤维、醋酸纤维、聚氯乙烯等)的可塑性很小,柔软性也很差。为了降低树脂的熔融黏度和熔融温度,改善其成型加工性能,改进塑件的柔韧性、弹性以及其他各种必要的性能,通常加入能与树脂相溶的、不易挥发的高沸点有机化合物,这类物质称为增塑剂,如图1-1-4所示。

对增塑剂的要求:与树脂有良好的相溶性;挥发性小,不易从塑件中析出;无毒、无色、无臭味;对光和热比较稳定;不吸湿。

常用的增塑剂有邻苯二甲酸酯类、癸二酸酯类、磷酸酯类、氯化石蜡等。

(4)着色剂。

为使塑件获得各种所需色彩,常常在塑料中加入着色剂。着色剂品种很多,但大体分为无机颜料、有机颜料和染料三大类。三大类着色剂比较如图1-1-5所示。

三大着色剂兼有其他作用,如本色聚甲醛塑料用炭黑着色后能在一定程度上有助于防止光老化。

对着色剂的一般要求是:着色力强;与树脂有很好的相溶性;不与塑料中其他成分起化学反应;成型过程中不因温度、压力变化而分解变色;在塑件的长期使用过程中能够保持稳定。

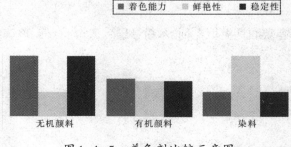

图1-1-5 着色剂比较示意图

（5）稳定剂。

为防止或抑制塑料在成型、储存和使用过程中，因受外界因素（如热、光、氧、射线等）作用所引起的性能变化，即所谓"老化"，需要在聚合物中添加一些能稳定其化学性质的物质，这些物质称为稳定剂。

对稳定剂的要求：对聚合物的稳定效果好，能耐水、耐油、耐化学药品腐蚀，并与树脂有很好的相溶性，在成型过程中不分解、挥发小、无色。

稳定剂可分为热稳定剂、光稳定剂、抗氧化剂等。常用的稳定剂有硬脂酸盐类、铅的化合物、环氧化合物等。

（6）固化剂。

固化剂又称硬化剂、交联剂。成型热固性塑料时，线型高分子结构的合成树脂需发生交联反应转变成体型高分子结构。添加固化剂的目的是促进交联反应。如在环氧树脂中加入乙二胺、三乙醇胺等。

塑料的添加剂还有发泡剂、阻燃剂、防静电剂、导电剂和导磁剂等。并不是每一种塑料都要全部加入这些添加剂，而是根据塑料品种和塑件使用要求按需要有选择地加入某些添加剂。

三、塑料的分类

塑料的品种较多，分类的方式也很多，常用的分类方法有以下两种：

1. 根据塑料中树脂的分子结构和热性能分类

（1）热塑性塑料。

这类塑料中树脂的分子结构是线型或支链型结构。它在加热时可塑制成一定形状的塑件，冷却后保持已定型的形状。如再次加热，又可软化熔融，可再次制成一定形状的塑件，如此可反复多次。在上述过程中一般只有物理变化而无化学变化。由于这一过程是可逆的，在塑料加工中产生的边角料及废品可以回收粉碎成颗粒后重新利用。

可以回收利用，但不是可以无限次地回收利用，因为存在"老化"问题，所以，次数是有限的。如一些凉鞋穿几天就坏了，其原因就是其塑料已经超过了最大回收利用次数。

常见的热塑性塑料有：聚乙烯、聚丙烯、聚氯乙烯、聚苯乙烯、丙烯腈-丁二烯-苯乙烯共聚物（ABS）、聚酰胺、聚甲醛、聚碳酸酯、有机玻璃、聚砜、氟塑料等。

（2）热固性塑料。

这类塑料在受热之初分子为线型结构，具有可塑性和可溶性，可塑制成一定形状的塑件。当继续加热时，线型高聚物分子主链间形成化学键结合（即交联），分子呈网状结构，分子最终变为体型结构，变得既不熔融，也不溶解，塑件形状固定下来不再变化。在成型过程中，既有物理变化又有化学变化。由于热固性塑料具有上述特性，故加工中的边角料和废品不可回收再生利用，生活中常见的热固性塑料件如图1-1-6所示。

(a) (b)

图1-1-6 常见的热固性塑料件（锅把儿）

常见的热固性塑料有：酚醛塑料、氨基塑料、环氧树脂、脲醛塑料、三聚氰胺甲醛树脂和不饱和聚酯等。

2.根据塑料性能及用途分类

（1）通用塑料。

这类塑料是指产量大、用途广、价格低的塑料。主要包括：聚乙烯、聚氯乙烯、聚苯乙烯、聚丙烯、酚醛塑料和氨基塑料六大品种，它们的产量占塑料总产量的一半以上，构成了塑料工业的主体。

（2）工程塑料。

这类塑料常指在工程技术中用作结构材料的塑料。除具有较高的机械强度外，这类塑料还具有很好的耐磨性、耐腐蚀性、自润滑性及尺寸稳定性等。它们具有某些金属特性，因而现在越来越多地代替金属作为某些机械零件。

目前常用的工程塑料包括聚酰胺、聚甲醛、聚碳酸酯、ABS、聚砜、聚苯醚、聚四氟乙烯等。

（3）增强塑料。

在塑料中加入玻璃纤维等填料作为增强材料，以进一步改善材料的力学性能和电性能，这种新型的复合材料通常称为增强塑料。它具有优良的力学性能，比强度和比刚度高。增强塑料分为热塑性增强塑料和热固性增强塑料。

（4）特殊塑料。

特殊塑料指具有某些特殊性能的塑料。如氟塑料、聚酰亚胺塑料、有机硅树脂、环氧树脂、导电塑料、导磁塑料、导热塑料，以及专门为某些用途而改性得到的塑料，如图1-1-7所示是小猫站在具有隔热作用的特殊塑料上安然无恙。

图1-1-7 隔热塑料效果举例

任务评价

（1）请将分析数据填写在表1-1-2的组分类别、组分作用空格处。

表1-1-2 饮水用管材配方分析表

序号	材料组成名称	Ⅰ型（份）	Ⅱ型（份）	组分类别	组分作用
1	PVC树脂（中-高分子量）	100	100		
2	硫酸锡	0.5～2.0	0.5～2.0		
3	润滑剂	0.5～2.0	0.5～2.0		
4	抗冲击改性剂	0～5.0	8.0～15.0		
5	加工助剂	2.0～5.0	2.0～5.0		
6	颜料	1.9～2.0	1.9～2.0		
冲击型配方与非冲击型配方的区别：					

（2）根据完成饮水用管材配方的分析情况进行评价，见表1-1-3。

表1-1-3 塑料组分分析评价表

评价内容	评价标准	分值	学生自评	教师评价
组分类别	是否正确	30分		
组分作用	是否正确	30分		
两种配方区别	是否合理	20分		
情感评价	是否积极参与课堂活动、与同学协作完成任务情况	20分		
学习体会				

任务二 认识并选用塑料

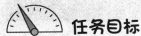 **任务目标**

(1)熟悉常见塑料的品种。

(2)认识常见塑料的使用性能及成型性能。

(3)能够根据产品的要求合理选用塑料。

任务分析

每一种塑料,都有自身的成分与分子结构、使用性能、工艺性能等。对于塑料制件设计工程师而言,侧重考虑塑料的使用性能和用途;对于模具工程师而言,侧重考虑塑料的工艺性能。通过学习本任务,了解塑料的热力学性能及工艺性能等,根据塑件的使用要求选择合适的塑料品种成型。

 **任务实施**

塑料壳体为常用机械类零件,需要中小批量生产,考虑其使用性能,选用聚碳酸酯。聚碳酸酯吸水性小,但高温时对水分比较敏感,因此加工前需要干燥,否则会出现银丝、气泡及强度下降等现象。聚碳酸酯熔融温度高,熔体黏度大,流动性差,成型时需要较高的温度和压力,并且熔体黏度对温度十分敏感,一般采用提高温度的方法增强熔体的流动性。

相关知识

一、塑料的热力学性能与聚合物的降解

塑料的物理状态、力学性能与温度密切相关。温度变化时,塑料的受力行为发生变化,呈现出不同的物理状态,表现出分阶段的力学性能特点。塑料在受热时的物理状态和力学性能对塑料的成型加工有着非常重要的意义。

1. 塑料的热力学性能

(1)热塑性塑料在受热时的物理状态。

热塑性塑料在受热时常存在的物理状态为玻璃态(结晶聚合物亦称结晶态)、高弹态和黏流态,如图1-2-1所示为线型非结晶型聚合物和线型结晶型聚合物受恒定压力时变形程度与温度关系的曲线,也称热力学曲线。

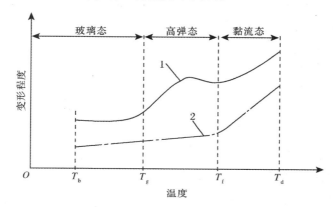

T_b-脆化温度;T_g-玻璃化温度;T_f-黏流化温度;

T_d-分解温度;1-线型非结晶型聚合物;2-线型结晶型聚合物

图1-2-1　热塑性塑料的热力学曲线

①玻璃态。

塑料处于温度T_g以下的状态,为坚硬的固体,即玻璃态。在外力作用下,有一定的变形,但变形可逆,即外力消失后,其变形也随之消失,是大多数塑件的使用状态。T_g称为玻璃化温度,是多数塑料使用温度的上限。T_b是聚合物的脆化温度,是塑料使用的下限温度。

加工性:此状态下,不易进行大变形量加工,但可进行车、钻、铣、刨等切削加工。

②高弹态。

当塑料受热温度超过T_g时,由于聚合物的链段运动,塑料进入高弹态。处于这一状态的塑料类似橡胶状态的弹性体,仍具有可逆的形变性质。

从图1-2-1中曲线1可以看到,线型非结晶型聚合物有明显的高弹态,而从曲线2可以看到,线型结晶型聚合物无明显的高弹态。这是因为完全结晶的聚合物无高弹态,或者说在高弹态温度下也不会有明显的弹性变形,但结晶型聚合物一般不可能完全结晶,都含有非结晶的部分,所以它们在高弹态温度阶段仍能产生一定程度的变形,只不过比较小而已。

加工性：可进行真空成型、压延成型、中空成型、压力成型和弯曲成型等。

③黏流态。

当塑料受热温度超过T_f时，由于分子链的整体运动，塑料开始有明显的流动，塑料开始进入黏流态变成黏流液体，通常我们也称之为熔体。塑料在这种状态下的变形不具可逆性，一经成型和冷却后，其形状永远保持下来。

T_f称为黏流化温度，是聚合物从高弹态转变为黏流态（或黏流态转变为高弹态）的临界温度。当塑料继续加热，温度升至T_d时，聚合物开始分解变色，T_d称为热分解温度，是聚合物在高温下开始分解的临界温度。

加工性：综上分析，这一温度范围常用来进行注射、挤出、吹塑和贴合等加工。

（2）热固性塑料在受热时的物理状态。

热固性塑料在受热时，由于伴随着化学反应，它的物理状态变化与热塑性塑料明显不同。开始加热时，由于树脂是线型结构，与热塑性塑料相似，加热到一定温度后，树脂分子链运动使之很快由固态变成黏流态，这使它具有成型的性能。但这种流动状态存在的时间很短，很快由于化学反应的作用，分子结构变成网状，分子运动停止，塑料硬化变成坚硬的固体。再加热仍不能恢复，化学反应继续进行，分子结构变成体型，塑料还是坚硬的固体。当温度升到一定值时，塑料开始分解。

聚合物成型时，当温度达到成型固化温度，其分子结构由线型或支链型结构变为空间网状体型结构的反应称为交联。如图1-2-2所示。

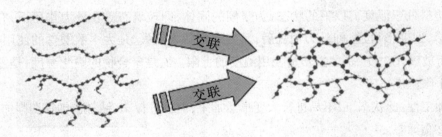

图1-2-2　交联反应

2. 聚合物的降解

聚合物分子受到热应力，微量水、酸、碱等杂质以及空气中氧的作用，导致聚合物分子链断裂、分子变小、相对分子质量降低的现象称为聚合物降解（裂解），如图1-2-3所示，表1-2-1列出了不同降解程度时聚合物的变化情况及应对措施。

图1-2-3 聚合物的降解

表1-2-1 不同降解程度时聚合物的变化情况及应对措施

降解程度	变化情况	应对措施
轻度的降解	聚合物变色	减少和消除降解的办法是依据降解产生的原因采取相应措施
中等程度的降解	聚合物分解出低分子物质,制品出现气泡和流纹弊病,削弱制品各项物理、力学性能	
严重的降解	聚合物焦化、变黑并产生大量的分解物质	

二、塑料的成型性能

1.流动性

热塑性塑料的流动性大小,通常可用熔体流动指数(简称熔融指数"MFI")表示。熔融指数是将塑料在规定温度下使之熔融,并在规定压力下从一个规定直径和长度的口模中,在10 min内挤出的材料克数。熔融指数数值愈大,材料流动性愈好。

所有塑料都是在熔融塑化状态下成型加工的,流动性是塑料材料加工为制品的过程中所应具备的基本特性,它标志着塑料在成型条件下充满模腔的能力。流动性好的塑料容易充满复杂的模腔,获得精确的形状。

塑料的流动性差,就不容易充满型腔,易产生缺料(即短射)或熔接痕等缺陷,如图1-2-4所示。因此需要较大的成型压力才能成型。

塑料的流动性好,可以用较小的成型压力使之充满型腔。但流动性太好,会在成型时产生严重的溢料,如图1-2-5所示。因此,选用塑料的流动性必须与塑件要求、成型工艺及成型条件相适应,模具设计时也应根据流动性来考虑浇注系统、分型面及进料方向等。

图1-2-4　熔体流动性差

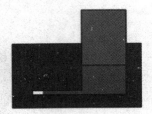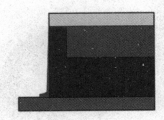

图1-2-5　熔体流动性过好出现溢料

2. 收缩性

塑件自模具中取出冷却到室温后,各部分尺寸都比原来在模具中的尺寸有所缩小,如图1-2-6所示,这种性能称为收缩性。

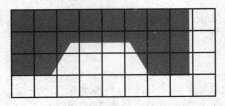

图1-2-6　冷却到室温塑件逐渐收缩

由于这种收缩不仅是树脂本身的热胀冷缩造成的,而且还与各种成型因素有关,因此成型后塑件的收缩称为成型收缩。

塑件成型收缩值可用收缩率来表示,计算公式如下:

$$S' = \frac{L_c - L_s}{L_s} \times 100\% \qquad (1-2-1)$$

$$S = \frac{L_m - L_s}{L_s} \times 100\% \qquad (1-2-2)$$

式中:

S'——实际收缩率;

S——计算收缩率;

L_c——塑件在成型温度时的单向尺寸;

L_s——塑件在室温时的单向尺寸;

L_m——模具在室温时的单向尺寸。

因实际收缩率与计算收缩率数值相差很小,所以模具设计时常以计算收缩率为设计参数,计算型腔及型芯等的尺寸。

在实际成型时,塑料品种不同其收缩率不同,而且同一品种塑料的不同批号,或同一塑件的不同部位的收缩率也常不同。影响收缩率的主要因素包括以下几种:

（1）塑料品种。

各种塑料都有其各自的收缩率范围，同一种塑料由于相对分子质量、填料及配比等不同，则其收缩率及各向异性也不同，对收缩率范围较小的塑料，取平均收缩率。

（2）塑件结构。

塑件的形状、尺寸、壁厚、有无嵌件、嵌件数量及布局等，对收缩率有很大影响，如塑件壁厚则收缩率大，有嵌件则收缩率小。对收缩率范围较大的塑料，可根据塑件的形状选取恰当的收缩率。壁厚的制品取收缩率上限，壁薄的制品取收缩率的下限。

（3）成型工艺。

注射成型工艺对收缩率有较大影响，如注射压力越高，收缩率越小；注射温度越高，收缩率越大；注射时间越短，收缩率越大。

收缩率不是一个固定值，而是在一定范围内变化，收缩率的波动将引起塑件尺寸波动，因此模具设计时应根据以上因素综合考虑选择塑料的收缩率，对精度高的塑件应选取收缩率波动范围小的塑料，并留有试模后修正的余地。

3. 相容性

相容性是指两种或两种以上不同品种的塑料，在熔融状态下不产生相分离现象的能力。如果两种塑料不相容，则混熔时制件会出现分层、脱皮等表面缺陷。不同塑料的相容性与其分子结构有一定关系，分子结构相似者较易相容，如高压聚乙烯、低压聚乙烯、聚丙烯彼此之间的混熔等；分子结构不同者较难相容，如聚乙烯和聚苯乙烯之间的混熔。

塑料的相容性又俗称共混性，利用塑料的这一性质，可以得到类似共聚物的综合性能，是改进塑料性能的重要途径之一。例如：ABS（苯乙烯-丁二烯-丙烯腈共聚物）与聚碳酸酯共混后性能大为改善。

4. 吸湿性

吸湿性是指塑料对水分的亲疏程度。据此塑料大致可分为两类：一类是具有吸湿或黏附水分倾向的塑料，如聚酰胺、聚碳酸酯、聚砜、ABS 等；另一类是既不吸湿也不易黏附水分的塑料，如聚乙烯、聚丙烯、聚甲醛等。

凡是具有吸湿或黏附水分倾向的塑料，如成型前水分未去除，则在成型过程中由于水分在成型设备的高温料筒中变为气体并促使塑料发生水解，成型后塑料出现气泡、银丝等缺陷。这样，不仅增加了成型难度，而且降低了塑件表面质量和力学性能。因此，为保证成型的顺利进行和塑件质量，对吸湿性和黏附水分倾向大的塑料，在成型之前应进行干燥。

5. 热敏性

热敏性是指某些热稳定性差的塑料,在料温高和受热时间长的情况下会产生降解、分解、变色的特性。热敏性很强的塑料称为热敏性塑料,如聚氯乙烯、聚三氟氯乙烯、聚甲醛等。

热敏性塑料产生分解、变色,实际上是高分子材料的变质、破坏,不但影响塑料的性能,而且分解出气体或固体,尤其是有的气体对人体、设备和模具都有损害。有的分解产物往往又是该塑料分解的催化剂,如聚氯乙烯分解产物氯化氢,能促使高分子分解作用进一步加剧。因此在模具设计、选择注射机及成型时都应注意。可采取选用螺杆式注射机,增大浇注系统截面尺寸,模具和料筒镀铬,不允许有死角滞料,严格控制成型温度、模温、加热时间、螺杆转速及背压等措施。还可在热敏性塑料中加入稳定剂,以减弱其热敏性能。

6. 结晶性

塑料在成型后的冷凝过程中,有的具有结晶性,如聚乙烯、聚丙烯、聚甲醛、聚四氟乙烯等,而有的则属于非结晶型的塑料,如聚苯乙烯、ABS、聚碳酸酯、聚砜等。一般,结晶型塑料是不透明或半透明的,非结晶型塑料是透明的。有两种塑料除外,结晶型塑料聚 4 - 甲基戊烯 - 1,高透明度;非结晶型塑料 ABS,不透明。

三、常见塑料品种性能与用途

塑料产品在日常生活中的地位越来越重要,但是废弃塑料带来的"白色污染"也越来越多,详细了解塑料的分类,不仅能科学地使用塑料制品,也有利于塑料的分类回收,有效地控制和减少"白色污染"。塑料产品标志符号如图1-2-7所示。

(a)可回收再生利用　　　(b)不可回收再生利用　　　(c)再加工塑料

图1-2-7　塑料产品标志符号

1. 聚酯(PET)

(1)性能。

聚酯全称是聚对苯二甲酸乙二醇酯。PET具有很好的光学性能和耐候性,非晶态的PET具有良好的光学透明性。另外,PET具有优良的耐摩擦性、尺寸稳定性及电绝缘性。PET做成的瓶具有强度大、透明性好、无毒、防渗透、质量轻、生产效率高等优点，因而得到了广泛的应用。

（2）用途。

常用来制作矿泉水瓶、可乐饮料瓶、果汁瓶、屏幕保护膜及其他透明保护膜等，通常呈无色透明。因为它只可耐热至70 ℃，所以这种塑料瓶只适合装冷饮和暖饮，装高温液体（如：热开水）或加热则易变形，有对人体有害的物质溶出；并且该塑料制品使用10个月后，可能会释放出致癌物，对人体具有毒性。

PET也可纺丝，就是我们常说的涤纶，故而奥运期间有回收饮料瓶制衣的说法。许多追求透气和轻便的运动服就是涤纶制成的，很久以前流行的衣料"的确良"也是此物，但是限于当时纺丝手段的落后，"的确良"衣物在穿着上不如现在的舒服。此外，PET亦有许多工程应用。

小提示

> PET无毒，但合成过程可能存留单体、低分子齐聚物和副反应产物，如二甘醇，这些都是有一定毒性的，用于饮料瓶的PET原料国家有严格的标准。PET材质的塑料瓶不能放在汽车内晒太阳；不要装酒、油等物质，有害物质容易溶出来。也不要装70 ℃以上液体，过高温度会导致材料分解释放出有害化学物质。

2.聚乙烯（PE）

聚乙烯是典型的热塑性塑料，为无臭、无味、无毒的可燃性白色粉末。成型用的聚乙烯树脂均为经挤出造粒的蜡状颗粒料，外观呈乳白色。

聚乙烯的分子量在1万~100万之间，分子量超过100万的为超高分子量聚乙烯。分子量越高，其物理力学性能越好，但随着分子量的增高，加工性能降低。因此，要根据使用情况选择适当的分子量和加工条件。高分子量聚乙烯适合加工结构材料和复合材料，而低分子量聚乙烯只适合作涂覆、上光剂、润滑剂和软化剂等。

聚乙烯的力学性能在很大程度上取决于复合物的分子量、支化度和结晶度。高密度聚乙烯的拉伸强度为20~25 MPa，而低密度聚乙烯的拉伸强度只有10~12 MPa。聚乙烯的伸长率主要取决于密度，密度大、结晶度高，其蔓延性就差。

聚乙烯的电绝缘性能优异。因为它是非绝缘材料，其介电常数及介电损耗几乎与温度、频率无关；高频性能很好，适于制造各种高频电缆和海底电缆的绝缘层。

聚乙烯可分为：

(1)低密度聚乙烯(LDPE) 。

①性能。

低密度聚乙烯的密度范围为 0.910~0.925 g/cm³。LDPE 具有良好的化学稳定性，对酸、碱和盐类水溶液具有耐腐蚀作用。它的电性能极好，具有导电率低、介电常数低、介电损耗低及介电强度高等特性。但低密度聚乙烯的耐热性能较差，也不耐氧和光，易老化。因此，为了提高其耐老化性能，通常要在树脂中加入抗氧剂和紫外线吸收剂等。

低密度聚乙烯具有良好的柔软性、延伸性和透明性，在生活中使用非常广泛，但机械强度低于高密度聚乙烯和线型低密度聚乙烯。

②用途。

低密度聚乙烯主要用于制造塑料薄膜及保鲜膜，纸做的牛奶盒、饮料盒等包装盒都用它作为内贴膜。另外，低密度聚乙烯也可用于牙膏或洗面乳的软管包装，但不宜作为饮料容器。薄膜制品约占低密度聚乙烯制品总产量的一半以上，用于农用薄膜及各种食品、纺织品和工业品的包装。低密度聚乙烯电绝缘性能优良，常用作电线电缆的包覆材料。注射成型制品有各种玩具、盖盒、容器等。与高密度聚乙烯掺混后经注射成型和中空成型可制管道及容器等。

小提示

LDPE 制品由于在较高温度下会软化甚至熔化，应尽量避免高于开水温度 100 ℃情况下使用。保鲜膜在温度超过 110 ℃时会出现热熔现象，因此，食物放入微波炉前，先要取下包裹着的保鲜膜。

(2)高密度聚乙烯(HDPE)。

①性能。

高密度聚乙烯的密度范围为 0.941~0.965 g/cm³。与低密度聚乙烯相比，密度大，使用温度较高，硬度和机械强度较大，耐化学性能好，较耐各种腐蚀性溶液，多被用在清洁用品、沐浴产品等的包装瓶上。

②用途。

高密度聚乙烯的用途与低密度聚乙烯不同。低密度聚乙烯 50%~70% 用于制造薄膜；而高密度聚乙烯则主要用于制造中空硬制品，占总消费量的 40%~65%。 适于装食品及药品、装清洁用品和沐浴产品，可作为购物袋、垃圾桶等。目前，超市和商场中使用的塑料袋多是由此种材质制成，可耐110 ℃高温，标明食品用的塑料袋可用来盛装食品。HDPE在各种半透明、不透明的塑料容器上被广泛地使用，手感较厚。常用于白色药瓶、不透明洗发水瓶、酸奶瓶、口香糖瓶等。

小提示

盛装清洁用品、沐浴产品的瓶子可在清洁后重复使用，但这些容器通常洗不干净，残留的物质会变成细菌的温床，最好不要循环使用，特别不推荐作为循环盛放食品、药品的容器使用。

3.聚丙烯(PP)

（1）性能。

聚丙烯重量轻，密度为0.90～0.91 g/cm³，是通用塑料中最轻的一种。

聚丙烯具有优良的耐热性，长期使用的温度可达100～120 ℃，无载荷时使用温度可达150 ℃。聚丙烯是通用塑料中唯一能在水中煮沸，并能经受135 ℃消毒温度的品种，因此可制造输送热水的管道。微波炉餐盒采用这种材质制成，能耐130 ℃高温，透明度差，这是唯一可以放进微波炉的塑料盒，在小心清洁后可重复使用。PP的硬度较高，且表面有光泽。

聚丙烯的耐低温性能不如聚乙烯，脆化温度为−10～−13 ℃（聚乙烯为−60 ℃）。低温甚至室温下的抗冲击性能不佳，低温下易脆裂是聚丙烯的主要缺点。

聚丙烯具有优良的化学稳定性，并且结晶度越高，化学稳定性越好。除强化性酸（如浓硫酸、硝酸）对它有腐蚀作用外，室温下还没有一种溶剂能使聚丙烯溶解，只是低分子量的脂肪烃、芳香烃和氯化烃对它有软化或溶胀作用。它的吸水性很小，吸水率还不到0.01%。聚丙烯在成型和使用中易受光、热、氧的作用而老化。聚丙烯在大气中12天就老化变脆，室内放置4个月就会变质，通常需添加紫外线吸收剂、抗氧剂、炭黑和氧化锌等来提高聚丙烯制品的耐候性。

聚丙烯的力学强度、刚性和耐应力开裂都超过高密度聚乙烯，而且有突出的延伸性和抗弯曲疲劳性能，用它制成的活动铰链经过7000万次弯曲试验，无损坏痕迹。聚丙烯的电绝缘性能优良，特别是高频绝缘性很好，击穿电压强度也高，加上吸水率低，可用于120 ℃使用的无线电、电视的耐热绝缘材料。

（2）用途。

PP的使用范围也很广泛,日常用品如包装、玩具、脸盆、水桶、衣架、水杯、瓶子等;工程应用如汽车保险杠等。纺成丝的PP被称为丙纶,在纺织品、绳索、渔网等制品中很常见。常用于一次性果汁杯、饮料杯、塑料餐盘、乐扣乐扣保鲜盒等。

🔍 小提示

若温度过高,PP仍会有对人体不好的气体扩散出来。另外,部分微波炉餐盒盒体用PP制成,但是盒盖却是用6号PS制成,使用前仔细检查,若有此类情况应先将盒盖取下后加热。相比PE制品,PP制品的耐热性略优,典型的乐扣乐扣水杯使用温度可以达到110℃,但是再高的温度就有软化和熔化的危险了,应尽量避免。

4. 聚氯乙烯（PVC）

（1）性能。

聚氯乙烯是无毒、无臭的白色粉末,密度为1.40 g/cm³,加入增塑剂和填料的聚氯乙烯塑料的密度为1.15 ~ 2.00 g/cm³。

聚氯乙烯的力学性能取决于聚合物的分子量、增塑剂和填料的含量。聚合物的分子量越大,力学性能、耐寒性、热稳定性越高,但成型加工比较困难;分子量低则相反。增塑剂的加入,不但能提高聚氯乙烯的流动性,降低塑化温度,而且能使其变软。通常,在100份聚氯乙烯树脂中增塑剂加入量大于25份时,即变成软质塑料,伸长率增加,而拉伸强度、刚度、硬度等力学性能均降低;增塑剂加入量小于25份时为硬质或半硬质塑料,具有较高的力学强度。

聚氯乙烯是无定型聚合物,它的玻璃化温度（T_g）为80 ℃左右,在此温度下开始软化,随着温度的升高,力学性能逐渐丧失。显然,T_g是聚氯乙烯理论使用温度的上限。但在实际应用中,聚氯乙烯的长期使用温度不宜超过65 ℃。聚氯乙烯的耐寒性较差,尽管其脆化温度低于-50 ℃,但低温下即使软质聚氯乙烯制品也会变硬、变脆。由于聚氯乙烯含氯量达65%,因而具有阻燃性和自熄性。聚氯乙烯的热稳定性差,无论受热或日光都能引起变色,从黄色、橙色、棕色直到黑色,并伴随着力学性能和化学性能的降低。聚氯乙烯具有较好的电绝缘性能,可与硬橡胶媲美。

（2）用途。

聚氯乙烯的应用比较广泛。常用于雨衣、PVC塑料线管、水管、塑料开关、插座。

PVC现在多用于制造一些廉价的人造革、脚垫、下水管道等;由于其电绝缘性能良好又有一定的自身阻燃特性,被广泛用于电线、电缆的外皮制造。此外,PVC在工业领域应用广泛,特别是在对耐酸碱腐蚀要求高的地方。

> **小提示**
>
> 　　这种材质只能耐热81 ℃,因此无法在温度较高的地方使用。PVC生产中会使用大量增塑剂(塑化剂,如DOP)和含有重金属的热稳定剂,且合成过程很难杜绝游离单体的存在,遇到高温和油脂时容易析出有毒物,容易致癌,所以PVC在接触人体,特别是医药食品应用中,基本被PP、PE所取代。

5.聚苯乙烯(PS)

(1)性能。

聚苯乙烯是质硬、脆、透明、无定型的热塑性塑料。没有气味,燃烧时冒黑烟。密度为1.04～1.09 g/cm³,易于染色和加工,吸湿性低,尺寸稳定性、电绝缘和热绝缘性能极好。 PS的热变形温度为70～90 ℃,T_g为74～105 ℃,长期使用温度为60～80 ℃,热分解温度T_f约为300 ℃。PS是良好的冷冻绝缘材料。

PS在拉伸过程中,通常表现为硬而脆的性质,是刚性较大、抗弯能力较强的塑料品种。但是,它的抗冲击强度较低,常温下脆性大,并且在成型加工过程中易产生内应力,在较低的外力作用下易产生开裂。聚苯乙烯的透光率为87%～92%,其透光性仅次于有机玻璃。折光指数为1.59～1.60。受光照射或长期存放,会出现面混浊和发黄现象。为了改善PS强度较低、性脆易裂的特点,以PS为基质与不同单体共聚或与共聚体、均聚体共混,可制得多种改性体。例如:高抗冲聚苯乙烯(HIPS),苯烯腈-苯乙烯共聚物(SAN)等。HIPS除了具有苯乙烯的优点外,还具有较强的韧性、冲击强度和较大的弹性。SAN具有较高的耐应力开裂性、耐油性、耐热性和耐化学腐蚀性。

(2)用途。

在工业上可制作仪表外壳、灯罩、化学仪器零件和透明模型。电气上可用作良好的绝缘材料、接线盒和电池盒。日用品上广泛用于包装材料和各种容器、玩具等。

> **小提示**
>
> PS遇强酸、强碱性物质时,会产生有害物质,因此使用PS器具时要小心,勿装酸性或碱性食品。PS既耐热又抗寒,但不能放在微波炉中,以免因温度过高释放化学物质,因此,要尽量避免用快餐盒打包滚烫的食物,也不要用微波炉加热碗装方便面。另外,聚苯乙烯易燃,特别是发泡之后的PS。燃烧会产生大量有毒气体。在一些高层火灾事故中,由于隔热层材料广泛采用了的PS发泡板,着火后产生的大量浓烟和有毒气体成了导致大量伤亡的主要原因。

6. 聚碳酸酯(PC 或 OTHER)

(1)性能。

聚碳酸酯是一种无定形、无毒、无味、无臭、透明无色或微黄色非晶体型热塑性工程塑料。PC树脂按黏度可分为三级,分别是高黏度级、中黏度级和低黏度级。高黏度级适合挤出加工,低黏度级适合注塑加工。

PC材料的综合机械性能好,其抗冲击强度在一般热塑性材料中最好,但易应力开裂,对缺口比较敏感。耐热性好,可在-60～120 ℃下长期使用。热变形温度为130～140 ℃。玻璃化温度为149 ℃。PC蠕变性小,尺寸稳定性好,尺寸精度高。

PC是用双酚A与碳酸二苯酯为原料合成的,常用于制造水壶、水杯、奶瓶等。在制作PC过程中,原料双酚A应该完全成为塑料结构成分,不应在使用中释放。但不合格产品,会有小部分双酚A没能完全转化到塑料中,遇热会被释放到食品中,对小孩、胎儿有害。

(2)用途。

聚碳酸酯具有综合的优异性能,应用广泛。生活中常被用于制作透明水杯、奶瓶、饮水桶、CD基材、镜片和灯罩;在机械工业中,制造齿轮、齿条、蜗轮及蜗杆等,传递中小负荷,还可用于制造受力不大的紧固件,如螺丝及螺帽等;在电气和电子行业中,用于制造电器仪表零件和外壳,如绝缘插件。聚碳酸酯是目前最常见的水杯材质,很多百货公司、汽车厂家都用这种材质的水杯当作赠品。

> **小提示**
>
> 聚碳酸酯的缺点是抗紫外线及耐候性差,表面不耐磨、易刮伤,不耐强碱。

任务评价

（1）根据图1-2-8所示的塑料产品使用要求选取合适的塑料原料，并填写表1-2-2。

图 1-2-8 塑料产品

表1-2-2 任务完成表

项目　　　物品	插座	口香糖盒	饭盒
选材			
选材理由			
选材使用性能			

（2）根据塑件的使用情况选择合适的塑料进行评价，见表1-2-3。

表1-2-3 塑料选材评价

评价内容	评价标准	分值	学生自评	教师评价
插座选材情况	是否合理	25分		
口香糖盒选材情况	是否合理	25分		
饭盒选材情况	是否合理	25分		
情感评价	是否积极参与课堂活动、与同学协作完成任务情况	25分		
学习体会				

任务三 分析塑件结构工艺性

 任务目标

(1)能查阅塑料制品公差数值表。

(2)知道常用塑料注射制品结构参数的范围。

(3)能分析制品结构不良造成的制品缺陷,并能提出改进方案。

(4)能合理确定制件精度,并能按照国标标注制品尺寸公差。

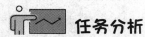 **任务分析**

塑料制品的形状结构、尺寸大小、精度和表面质量要求,与塑料成型工艺和模具结构的适应性,称为制品的工艺性。如果制品的形状结构简单、尺寸适中、精度低、表面质量要求不高,则制品成型就比较容易,所需的成型工艺条件比较宽松,模具结构比较简单,这时制品的工艺性比较好;反之,则制品的工艺性较差。塑件结构工艺性好,既可使成型工艺性能稳定,保证塑件质量,提高生产率,又可使模具结构简单,降低模具设计与制造成本。

通过本任务的学习,掌握塑件的结构工艺性,进而对塑料壳体的结构工艺性进行判断,并能对塑件结构不合理的地方进行修改。

任务实施

本项目中塑料壳体结构简单,外形为直径40 mm的圆。塑件精度为MT5级,尺寸精度不高,无特殊要求。塑件壁厚均匀,为2 mm,生产批量较大。塑件材料为PC,成型工艺性较好,可以注射成型。综合分析可知,该塑件结构工艺性较为合理,不需要进行修改,可以直接进行模具设计。

 **相关知识**

一、塑件的尺寸精度与表面质量

1. 尺寸精度

目前,我国使用最多的塑件标准公差为SJ/T10628-1995。标准见表1-3-1、表1-3-2。两个表配合使用,先根据塑料材料类别,在表1-3-1中选用适宜的精度等级,然后利用表1-3-2查出尺寸公差值。

表1-3-1　塑件精度等级选用(摘自SJ/T10628)

材料			相应的公差等级		
收缩特性值	代号	名称	高精度	一般精度	低精度
0~1	ABS	丙烯腈-丁二烯-苯乙烯共聚物	3	4	5
	AS	丙烯腈-苯乙烯共聚物			
	GRD	30%玻璃纤维增强塑料			
	HIPS	高冲击强度聚苯乙烯			
	MF	氨基塑料			
	PBTP	聚对苯酸丁二(醇)酯(增强)			
	PC	聚碳酸酯			
	PETP	聚对苯酸乙二(醇)酯(增强)			
	PF	酚醛塑料			
	PMMA	聚甲基丙烯酸甲酯			
	PPE	聚苯硫醚(增强)			
	PPO	聚苯醚			
	PPS	聚苯醚砜			
	PS	聚苯乙烯			
	PSU	聚砜			
1~2	PA	聚酰胺6、66、610、9、1010	4	5	6
		氯化聚醚			
	PVC	聚氯乙烯(硬)			
2~3	PE	聚乙烯(高密度)	6	7	8
	POM	聚甲醛			
	PP	聚丙烯			
3~4	PE	聚乙烯(低密度)	8	9	10
	PVC	聚氯乙烯(软)			

说明：

1.其他材料,可按加工尺寸的稳定性,参照选取公差等级。

2.1、2级为精密级,只有在特殊条件下才采用,表中未列。

3.当沿脱模方向两端尺寸均有要求时,应考虑脱模斜度对公差的影响。

SJ/10628标准将塑件分为10个精度等级,每种塑料可选用其中3个精度等级。1、2级精度要求较高,一般不采用或很少采用。表1-3-2中只给出公差值,分配上下偏差时,可根据塑件配合性质确定。对塑件无配合要求的自由尺寸,按表1-3-2规定7～10级公差选用精度。

表1-3-2　公差数值表　　　　　　　　单位/mm

基本尺寸	公差等级									
	1	2	3	4	5	6	7	8	9	10
	公差数值									
～3	0.02	0.03	0.04	0.06	0.08	0.12	0.16	0.24	0.32	0.48
>3～6	0.03	0.04	0.05	0.07	0.08	0.14	0.18	0.28	0.36	0.56
>6～10	0.03	0.04	0.06	0.08	0.10	0.16	0.20	0.32	0.40	0.64
>10～14	0.03	0.05	0.06	0.09	0.12	0.18	0.22	0.36	0.44	0.72
>14～18	0.04	0.05	0.07	0.10	0.12	0.20	0.24	0.40	0.48	0.80
>18～24	0.04	0.06	0.08	0.11	0.14	0.22	0.28	0.44	0.56	0.88
>24～30	0.05	0.06	0.09	0.12	0.16	0.24	0.32	0.48	0.64	0.96
>30～40	0.05	0.07	0.10	0.13	0.18	0.24	0.36	0.52	0.72	1.00
>40～50	0.06	0.08	0.11	0.14	0.20	0.28	0.40	0.56	0.80	1.20
>50～65	0.06	0.09	0.12	0.16	0.22	0.32	0.46	0.64	0.92	1.40
>65～80	0.07	0.10	0.14	0.19	0.26	0.38	0.52	0.76	1.00	1.60
>80～100	0.08	0.12	0.16	0.22	0.30	0.44	0.60	0.88	1.20	1.80
>100～120	0.09	0.13	0.18	0.25	0.34	0.50	0.68	1.00	1.40	2.00
>120～140	0.10	0.15	0.20	0.28	0.38	0.56	0.76	1.10	1.50	2.20
>140～160	0.12	0.16	0.22	0.31	0.42	0.62	0.84	1.20	1.70	2.40
>160～180	0.13	0.18	0.24	0.34	0.46	0.68	0.92	1.40	1.80	2.70
>180～200	0.14	0.20	0.26	0.37	0.50	0.74	1.00	1.50	2.00	3.00
>200～225	0.15	0.22	0.28	0.41	0.56	0.82	1.10	1.60	2.20	3.30
>225～250	0.16	0.24	0.30	0.45	0.62	0.90	1.20	1.80	2.40	3.60
>250～280	0.18	0.26	0.34	0.50	0.68	1.00	1.30	2.00	2.60	4.00

续表

基本尺寸	公差等级									
	1	2	3	4	5	6	7	8	9	10
	公差数值									
>280~315	0.20	0.28	0.38	0.55	0.74	1.10	1.40	2.20	2.80	4.40
>315~355	0.22	0.30	0.42	0.60	0.82	1.20	1.60	2.40	3.20	4.80
>355~400	0.24	0.34	0.46	0.65	0.90	1.30	1.80	2.60	3.60	5.20
>400~450	0.26	0.38	0.52	0.70	1.00	1.40	2.00	2.80	4.00	5.60
>450~500	0.30	0.42	0.60	0.80	1.10	1.60	2.20	3.20	4.40	6.40

塑件尺寸的上下偏差根据塑件的性质来分配,模具行业通常按"入体原则",轴类尺寸标注为单向负偏差,孔类尺寸标注为单向正偏差,中心距尺寸标注为对称偏差。为了便于记忆,可以将塑件尺寸的上下偏差的分配原则简化为"凸负凹正、中心对称"。这里"凸"代表轴类尺寸,要求标注外形尺寸,长期使用由于磨损尺寸会减小,这类尺寸应标注为单向负偏差;"凹"代表孔类尺寸,要求标注内形尺寸,长期使用由于磨损尺寸会增大,这类尺寸应标注为单向正偏差;"中心"代表中心线尺寸,长期使用没有磨损的一类尺寸,这类尺寸应标注为对称偏差。

模具活动部分对塑件精度影响较大,其公差值应为表中数值与附加值之和。2级精度附加值为0.02 mm,3~4级精度的附加值为0.04 mm,5~7级精度的附加值为0.1 mm,8~10级附加值为0.2 mm。

2.塑件的表面质量

塑件的外观要求越高,表面粗糙度值应越低。成型时要尽可能从工艺上避免冷疤、云纹等缺陷产生,除此之外,还取决于模具型腔的表面粗糙度。一般模具表面粗糙度要比塑件的要求低1~2级。模具在使用过程中,由于型腔磨损而使表面粗糙度不断加大,所以应随时予以抛光复原。透明塑件要求型腔和型芯的表面粗糙度相同,而不透明塑件则根据使用情况决定它的表面粗糙度。

二、塑件的结构设计

1.壁厚

制品壁厚应保证制品的强度与刚度。同时,其他的型体和尺寸如加强筋和圆角等,都是以壁厚为参照。若壁厚不均匀,会使塑料熔体的充模速率和冷却收缩不均匀。由此产生许多质量问题,如凹陷、真空泡、翘曲,甚至开裂。确定合适的制品壁厚是设计制品的主要内容之一。

如图1-3-1(a)制品壁厚不均匀,当制品冷却时,由于制品壁厚不均匀,导致薄壁部分的冷却速度快于厚壁部分,使制品脱模后厚壁部分产生缩痕和翘曲。为解决制品壁厚不均匀的问题,设计时可考虑壁厚部分局部挖空或在壁面交界处逐步过渡,如图1-3-1(b)所示,使制品的壁厚尽可能均匀一致。

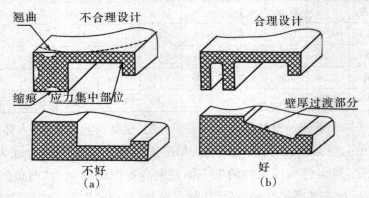

图1-3-1　塑料制品壁厚的设计

热塑性塑料的壁厚一般为2~4 mm,小塑件取偏小值,中等塑件取偏大值,大塑件可适当加厚。热塑性塑件的最小壁厚取决于塑料的流动性,如流动性好的聚乙烯,其最小壁厚为0.2~0.4 mm;流动性较差的聚氯乙烯、聚碳酸酯等塑料,其最小壁厚为1 mm。常用热塑性塑料选用范围见表1-3-3。

表1-3-3　常用热塑性塑料制品壁厚推荐值　　　　　　　　单位/mm

塑料制品材料	最小壁厚	最大壁厚	推荐壁厚	塑料制品材料	最小壁厚	最大壁厚	推荐壁厚
聚甲醛(POM)	0.4	3.0	1.6	聚丙烯(PP)	0.6	7.6	2.0
丙烯腈-丁二烯-苯乙烯共聚物(ABS)	0.75	3.0	2.3	聚砜(PSU)	1.0	9.5	2.5
丙烯酸类	0.6	6.4	2.4	改性聚苯醚(MPPO)	0.75	9.5	2.0
醋酸纤维素(CA)	0.6	4.7	1.9	聚苯醚(PPO)	1.2	6.4	2.5
乙基纤维素(EC)	0.9	3.2	1.6	聚苯乙烯(PS)	0.75	6.4	1.6
氟塑料	0.25	12.7	0.9	改性聚苯乙烯	0.75	6.4	1.6
尼龙(PA)	0.4	3.0	1.6	苯乙烯-丙烯腈共聚物(SAN)	0.75	6.4	1.6
聚碳酸酯(PC或OTHER)	1.0	9.5	2.4	硬质聚氯乙烯(RPVC)	1.0	9.5	2.4
聚酯(PET)	0.6	12.7	1.6	甲基丙烯酸甲酯(有机玻璃)(372°)	0.8	6.4	2.2
低密度聚乙烯(LDPE)	0.5	6.0	1.6	氯化聚醚(CPT)	0.9	3.4	1.8
聚甲醛(POM)	0.9	6.0	1.6	聚氨酯(PU)	0.6	38.0	12.7

有了合理的壁厚,还应力求同一塑件上各部位的壁厚尽可能均匀或从厚壁向薄壁的过渡尽量顺清,否则会因冷却速度不同而引起收缩力不一致,在塑件内部产生内应力,致使塑件产生翘曲、缩孔、裂纹,甚至开裂等缺陷。一般壁厚差保持在30%以内,如图1-3-2所示。壁厚差过大,可采用将塑件过厚部分挖空的方法改进。图1-3-3为壁厚设计实例。

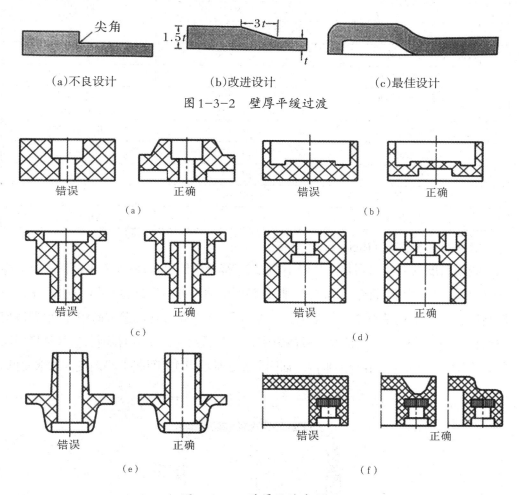

(a)不良设计   (b)改进设计   (c)最佳设计

图1-3-2　壁厚平缓过渡

（a）   （b）

（c）   （d）

（e）   （f）

图1-3-3　壁厚设计实例

二、脱模斜度

1.脱模斜度的要求

为了便于塑件脱模,以防脱模时擦伤塑件表面,设计塑件时必须考虑塑件内外表面沿脱模方向均应具有合理的脱模斜度。只有当塑件高度很小(≤5 mm),并采用收缩率较小的塑料成型时,才可以不考虑。塑料材料收缩率大,则其制品的斜度也应加大;制品厚度大,其脱模斜度也应大;制品精度越高,脱模斜度越小;尺寸大的制品,应该选用小的脱模斜度。表1-3-4为常用塑料脱模斜度的选取范围。

表1-3-4　常用塑料脱模斜度选取范围

塑料名称	脱模斜度	
	型芯	型腔
聚乙烯	20′~40′	25′~45′
聚苯乙烯	30′~60′	35′~1°30′
改性聚苯乙烯	30′~1°	35′~1°30′
(未增强)尼龙 (增强)尼龙	20′~40′ 20′~50′	25′~40′ 20′~40′
丙烯酸塑料	30′~1°	35′~1°30′
聚碳酸酯	30′~50′	35′~1°
聚甲醛	20′~45′	25′~45′
丙烯腈-丁二烯-苯乙烯	35′~1°	40′~1°20′
氯化聚醚	20′~45′	25′~45′

2.塑件脱模斜度的设计

脱模斜度的取向原则是内孔以小端为准,符合图纸要求,脱模斜度由扩大方向得到;外形以大端为准,符合图纸要求,脱模斜度由缩小方向得到,如图1-3-4所示。脱模斜度值一般不包括在塑件尺寸的公差范围内,但对塑件精度要求高的,脱模斜度应包括在公差范围内。一般情况下脱模斜度 α 可不受制品公差带的限制,但高精度塑料制品的脱模斜度则应当在公差带内。如图1-3-5所示为注塑件的脱模斜度的选取实例。

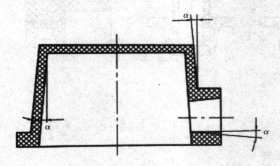

图1-3-4　塑件上脱模斜度留取方向

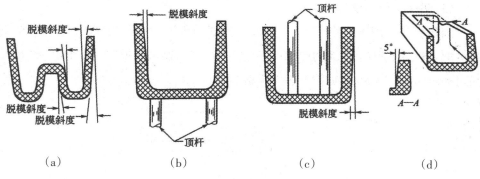

图 1-3-5 注塑件的脱模斜度

3.加强筋

加强筋的主要作用是增加塑件的强度,避免变形和翘曲。用增加壁厚来提高塑件的强度和刚度,常常是不合理的,易产生缩孔或凹痕,此时为了确保塑件的强度和刚度而又不至于使塑件的壁厚过大,可在塑件的适当位置上设置加强筋。设置加强筋后,可能在其背面引起凹陷,但只要尺寸设计得当,可以有效地避免。图 1-3-6 所示为加强筋的应用及尺寸比例关系。

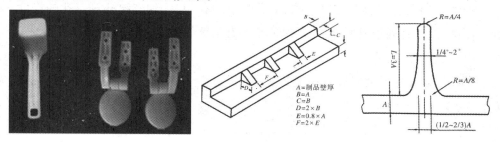

图 1-3-6 加强筋的应用及尺寸

4.圆角

(1)圆角要求。

①塑件除了使用上要求必须采用尖角之处外,其余所有转角处均应尽可能采用圆弧过渡。带有尖角的塑件,往往会在尖角处产生应力集中,影响塑件强度;同时还会出现凹痕或气泡,影响塑件外观质量。

②塑件上的圆角增加了塑件的美观,有利于塑料充模时的流动,便于充满与脱模,消除了壁部转折处的凹陷等缺陷。

③圆角可以分散载荷,增强及充分发挥制品的机械强度。

④在塑件的某些部位如分型面、型芯与型腔配合处等不便做成圆角的地方而只能采用尖角。

（2）塑件圆角的设计。

圆角半径一般不应小于 0.5～1 mm。内壁圆角半径可取壁厚的一半，外壁圆角半径可取 1.5 倍的壁厚。从减小制品内应力角度出发，制品的壁厚 t 与圆角半径 R 的关系为：$1/4 \leqslant R/t \leqslant 3/5$，$R \geqslant 0.5$，如图 1-3-7 所示。

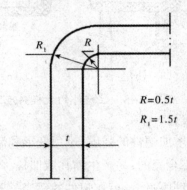

$$R = 0.5t$$
$$R_1 = 1.5t$$

图 1-3-7　塑件的圆角

5. 孔

塑件上的孔有简单孔与复杂孔、通孔与不通孔、斜孔和螺纹孔等。孔的设计，除满足使用要求、有利于成型外，还要保证塑件有足够的强度。

（1）孔的极限尺寸。

①孔尽量设在不减弱制品强度的部位。孔间距、孔边距不应太小（如图 1-3-8，见表 1-3-5）。

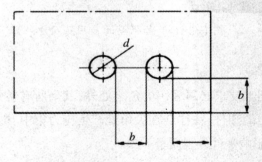

图 1-3-8　孔间距与孔边距不应太小

表1-3-5　不同孔径的孔间距与孔边距参考值　　　　　单位/mm

孔径	<1.5	<1.5~3	<3~6	<6~10	<10~18	<18~30
孔间距与孔边距	<1.5~3	<1.5~2	<2~3	3~4	4~5	5~7

②固定孔和受力孔应采用凸边和加强筋,以增加孔的强度,避免孔在受力时损坏和变形,如图1-3-9所示。

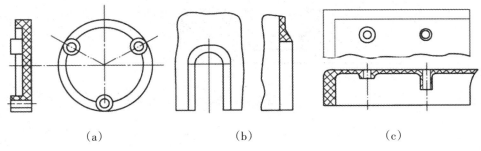

(a)　　　　　　　　　(b)　　　　　　　　　(c)

图1-3-9　孔的加强筋

(2)孔的成型方法。

孔的成型主要有以下几种方式,如图1-3-10所示。碰穿结构,塑料制件的封胶面与开模方向垂直。插穿结构,塑料制件的封胶面与开模方向平行。插穿结构的刚性较好,可避免细小型芯的失稳变形,也避免了横向飞边,不影响装配。除此之外,通孔还可以采用两个型芯相对的方式进行成型,即所谓的对碰和对插结构。盲孔只能用一段固定的型芯成型,如果孔径较小但深度又很大时,成型时会因熔体流动不平衡易使型芯弯曲或折断。因此,可以成型的盲孔深度与其直径有关,设计时可参考图1-3-11所示数值。对于比较复杂的孔形,可采用图1-3-12所列的方法成型。

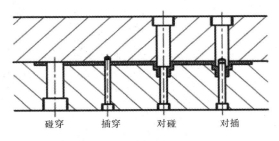

碰穿　　　插穿　　　对碰　　　对插

图1-3-10　常见孔及成型方法

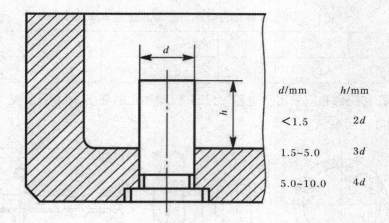

图 1-3-11　成型盲孔时深度与直径的关系

d/mm	h/mm
< 1.5	$2d$
1.5~5.0	$3d$
5.0~10.0	$4d$

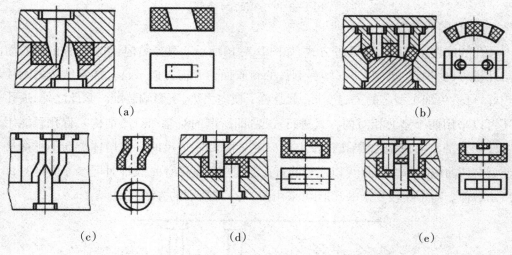

（a）　　　　　　　　　　　　　　　　　　（b）

（c）　　　　　　（d）　　　　　　（e）

图 1-3-12　复杂孔形的成型方法

任务评价

（1）完成灯座（图 1-3-13）的结构工艺性分析，并将相关要点填入表 1-3-6 中。

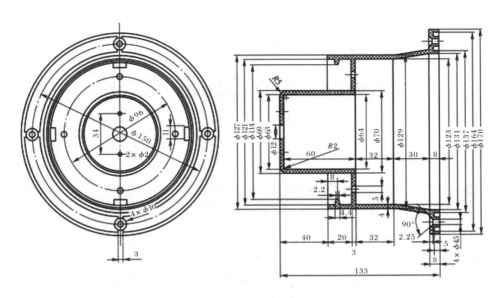

图1-3-13 灯座

表1-3-6 灯座结构工艺性分析任务完成表

序号	要点
1	
2	
3	
4	
5	
6	

（2）根据灯座的结构工艺性分析情况进行评价，见表1-3-7。

表1-3-7 灯座的结构工艺性分析评价表

评价内容	评价标准	分值	学生自评	教师评价
塑件尺寸与公差	分析是否合理	15分		
塑件表面质量	分析是否合理	15分		
塑件的壁厚	分析是否合理	15分		
脱模斜度的选取	分析是否合理	15分		
加强筋	分析是否合理	15分		
塑件圆角	分析是否合理	15分		
情感评价	是否积极参与课堂活动、与同学协作完成任务情况	10分		
学习体会				

任务四 单型腔注射模结构

 任务目标

能够识读简单模具结构装配图,分析模具结构组成及工作原理。

 **任务分析**

单分型面注射模由动模、定模两部分组成,只有一个分型面,是注射模中最简单的一种结构形式,根据需要,可以设计成单型腔和多型腔注射模。本任务通过识读单分型面单型腔注射模具装配图掌握模具的基本组成。

任务实施

(1)判断模具的分型面位置,分析工作原理。

(2)确定模具的结构组成。

(3)指出各零件的名称。

💻 相关知识

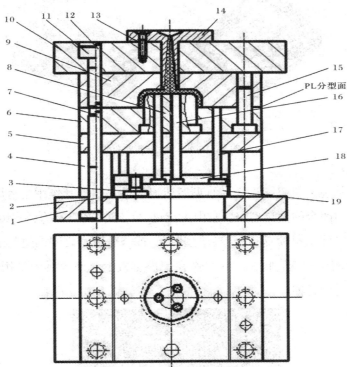

1-动模座板;2,3,11,13-紧固螺钉;4-垫块;5-支承板;6-动模板;7,12-销钉;8-型芯;9-定模板;10-定模座板;14-定位圈;15-导柱;16-推杆;17-复位杆;18-推杆固定板;19-推板

图1-4-1　单型腔注射模具装配图

一、单型腔注射模具的结构组成

注射模由动模和定模两部分组成,定模部分固定在注射机的固定模板上,动模部分安装在注射机的移动模板上,如图1-4-1模具装配图所示。根据模具上各个部分所起的作用,注射模有以下几个组成部分。

1.成型零部件

成型零部件是直接与塑料接触并且决定塑件形状和精度的零件。它包括:

(1)凸模(或型芯)。成型塑件的内表面的凸状零件。习惯上,尺寸较大的称凸模,尺寸较小的称型芯。如图1-4-1中型芯8及图1-4-2(a)所示。

(2)凹模(或型腔)。成型塑件的外表面的凹状零件。如图1-4-1中定模板9及图1-4-2(b)所示。

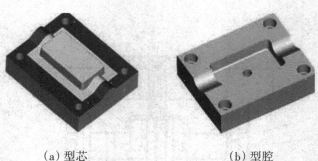

　　　　(a) 型芯　　　　　　　　　　(b) 型腔

图1-4-2　成型零部件

2.浇注系统

熔融塑料从注射机喷嘴进入模具型腔所流经的通道。其作用是将熔融的塑料由注射机喷嘴引向闭合的模具型腔。它由主流道、分流道、浇口及冷料穴组成。

主流道是指注射机喷嘴与型腔(单型腔模)或与分流道之间的进料通道。主流道一般制成单独的浇口套(如图1-4-3)镶在定模座板上。该模具中采用的是直浇口。直浇口是主流道的延伸。

图1-4-3　定位圈与浇口套

3.导向与定位机构

导向与定位机构包括导向机构和定位机构。导向机构是为了保证合模时动模和定模准确对合,以保证塑件的形状和尺寸精度,避免模具中其他零件(经常是凸模)发生碰撞和干涉。导向机构一般包括导柱、导套(或导向孔)零件,如图1-4-4所示。

图 1-4-4　导向机构

4.推出机构

开模时,将塑件和浇注系统凝料从模具中推出,实现脱模的装置。其结构较复杂,形式多样,最常用的推出机构有推杆推出、推管推出和推件板推出等。如图1-4-5所示是典型的推杆推出的模具。它包括:

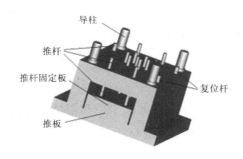

图 1-4-5　推杆推出机构

(1)推杆用于推出塑件;

(2)推杆固定板用于固定推杆;

(3)推板与注射机顶杆接触,推动推出机构;

(4)复位杆用于推出机构的复位。

5.温度调节系统

注射模的温度调节系统包括冷却和加热两方面,但绝大多数都是要冷却,因为熔体注入模具时的温度一般在200~300 ℃之间,塑料制品从模具中取出时,温度一般在60~80 ℃之间。熔体释放的热量都被模具吸收,模具吸收了熔体的热量则温度升高,为了满足模具温度对注射工艺的要求,需要将模具中的热量带走,以便对模具温度进行控制。

将模具温度控制在合理范围内的这部分结构称为温度调节系统。模具的温度调节系统常用的是冷却水道，如图1-4-6所示。

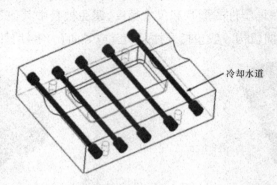

冷却水道

图1-4-6　冷却水道

6. 排气系统

注射充模时，为了塑料熔体的顺利进入，需要将型腔内的原有空气和注射成型过程中塑料本身挥发出来的气体排出模外。这种将型腔内的气体排出模具，以及在开模时让气体及时进入型腔，避免产生真空的结构，称为排气系统。常在模具分型面处开设几条排气槽。小型塑件排气量不大，可直接利用分型面排气，不必另外设置排气槽。许多模具的推杆或型芯与模板的配合间隙也可起到排气的作用。大型塑件必须设置排气槽。

7. 支承零部件

用来安装固定和支承成型零部件或起定位和限位作用的零部件，包括定模座板、动模座板、垫块、支承板等。如图1-4-7所示。

图1-4-7　支承零部件

二、模具工作原理分析

分型面以上为定模部分,以下为动模部分。

(1)开模动作。在注射机作用下,动模部分与定模部分分开,分开到设定位置时停止。注射机顶出杆经顶出孔,推动模具顶出底板,带动制品脱出系统(推杆、推管、推板等)前移,从而将制品从模具中脱出。

(2)闭模动作。在注射机作用下,动模部分向定模方向合模。待动模与定模完成合模后,注射机开始下一个周期的注射工作。模具所要完成的工作过程就是"合模—填充—保压—冷却—开模—推件—清理"这样一个反复的过程。

任务评价

(1)读图1-4-8,将组成模具零件的名称、零件分类、模具动作、模具排气分析等填写在表1-4-1相应的栏目中。

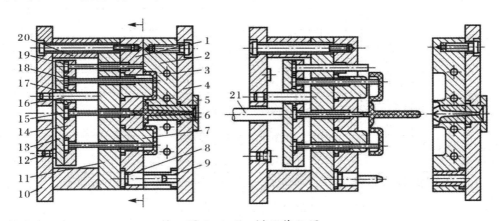

图 1-4-8 模具装配图

表1-4-1 任务完成表

零件号	零件名称	零件作用	零件号	零件名称	零件作用
1			14		
2			15		
3			16		
4			17		
5			18		
6			19		
7			20		
8			21		
9					
10					
11					
12					
13					
模具组成零件分类	机构系统零件：				
	成型零部件：				
	浇注系统零件：				
	推出机构：				
	冷却系统：				
	模架零件：				
模具工作原理分析					

(2)根据注射模具装配图的结构组成分析情况进行评价,见表1-4-2。

表1-4-2 单型腔注射模结构组成分析情况评价表

评价内容	评价标准	分值	学生自评	老师评价
零件名称	是否正确	30分		
零件作用	是否正确	30分		
零件分类	是否正确	15分		
模具工作原理	分析是否合理	15分		
情感评价	是否积极参与课堂活动、与同学协作完成任务情况	10分		
学习体会				

项目二 平板件模具结构设计

　　本项目综合训练学生设计单分型面注射模的初步能力。如下图所示,该产品是某企业生产的外壳,作用是防尘、保护内部结构。塑件要求表面质量一般,不能有波浪纹、气泡、银丝、推杆痕迹,要求尺寸精度高,不能有错位、飞边等。产品使用寿命不低于10年,生产批量为100万件,根据要求,为该产品选择原料并设计一套注塑模具。

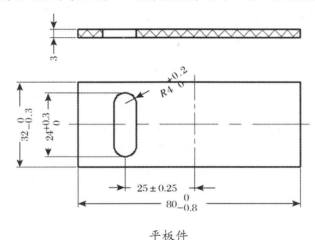

平板件

目标类型	目标要求
知识目标	(1)掌握单分型面注射模的典型结构及各零部件作用 (2)掌握塑料注射模与注射机之间的关系及注射模型腔数量的确定方法 (3)掌握单分型面注射模浇注系统的作用、分类与组成及尺寸的确定 (4)掌握注射模成型零部件的结构及工作尺寸计算方法 (5)掌握推杆、推板、推管、多元件组合等脱模机构的设计及模具冷却系统的设计
技能目标	(1)能够设计简单、中等复杂程度的单分型面注射模 (2)具备单分型面塑料注射成型模的读图能力
情感目标	(1)具备自学能力、思考能力、解决问题能力与表达能力 (2)具备团队协作能力、计划组织能力及学会与人沟通、交流能力 (3)能参与团队合作并完成工作任务

任务一 多型腔注射模典型结构

任务目标

（1）知道注射模的分类方法和名称。

（2）能识读典型单分型面注射模的结构图。

（3）能根据模具装配图分析模具的工作原理。

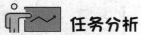

任务分析

单分型面注射模也称两板式注射模，这种模具只有一个分型面，是注射模中最简单的一种结构形式。单分型面注射模根据需要，既可以设计成单型腔注射模，也可以设计成多型腔注射模，应用十分广泛。通过本任务的学习，了解多型腔模具的组成及工作原理。

任务实施

（1）判断模具的分型面位置，分析工作原理。

（2）确定模具的结构组成。

（3）指出各零件的名称。

相关知识

一、模具工作原理与过程

如图2-1-1所示，模具分为动模、定模两部分。在一个注射循环中，模具的基本任务是容纳和分配塑料熔体、成型、冷却及塑件的推出，因此模具的基本结构必须满足这些作用。如图2-1-2所示为多型腔的注射模典型结构，注射机将已完成塑化的高压塑料熔体经浇注系统注射进入由成型零部件8、9构成的封闭型腔，塑料熔体在冷却系统的作用下固化成型,注射机移动模板带动模具动模部分运动与定模部分分开,同时因塑料收缩的作用使塑料制件包紧在突出的动模仁8上,注射机的顶出机构运动,其顶杆作用于模具的推出板22,带动推杆5、6推出塑料制件与凝料,取出塑料制件后,注射机移动模板再次运动,带动模具动模部分进行合模运动,模具复位装置3、4确保推出机构回到原位,重新完成封闭型腔的构建,准备下一次注射。

图 2-1-1 模具动模、定模部分

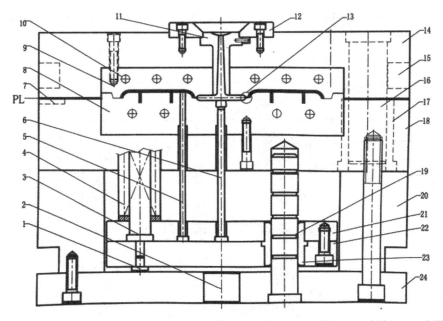

1-垃圾钉;2-KO孔;3-回程杆;4-回程弹簧;5、6-推杆;7-撬模槽;8-动模仁;9-定模仁;10-冷却水孔;11-流道衬套;12-定位圈;13-浇口;14-定模座板;15-码模槽;16-导柱;17-导套;18-动模板;19-推出导柱;20-垫块;21-推出固定板;22-推出板;23-推出导套;24-动模座板

图 2-1-2 多型腔注射模典型结构

二、模具的机构组成

1. 支承零部件

模具的主骨架,主要包含了固定板、支承板、导向机构及座板,能将模具各个部分有机的组合在一起,使模具与注射机相连接,并具有一定的强度、刚度,标准化程度高。以下为部分零部件作用介绍。

(1)定位圈。

如图2-1-2所示的件12。模具安装时,将定位圈安装在注射机定模板的定位孔中,以保证注射机的喷嘴与模具的主流道衬套的同轴度。定位圈材料通常为S55C。

(2)导柱与导套。

如图2-1-2所示的件16、件17,导柱与导套构成模具的导向机构,其作用为:①合模过程中,对动模、定模进行导向。导柱与导套的配合精度在很大程度上决定模具的精度。②起定位作用。防止动模、定模安装时错位。

一般设置4根导柱,靠基准角侧的导柱通常与其他3根导柱做成不对称的排列,从而起定位作用。如图2-1-3所示非对称排列导柱,标有OFFSET 2 mm字样的导柱与其他3根导柱即为非对称的排列。导柱与导套常用Cr2(GCr15)(SUJ2)(高频淬火60±2HRC)材料。

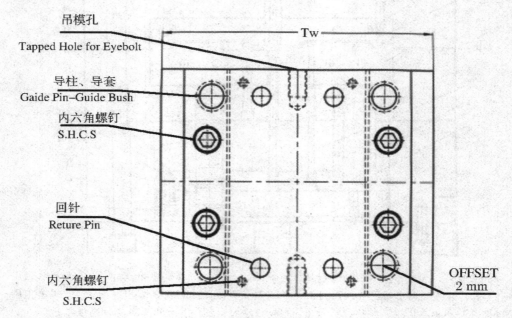

图2-1-3 非对称排列导柱

（3）停止销。

如图2-1-2所示的件1垃圾钉，其作用为减少顶出板与动模座板的接触面积，以便调整顶出板的平面度，并且避免因料渣掉入影响顶出板的回位。停止销常用S45C（淬火40~50HRC）材料。

（4）流道衬套。

如图2-1-2所示的件11，其作用为将注射机喷嘴的塑料熔体引入分流道或模腔中。流道衬套的材料通常为SKD61（52HRC）或T8、T10（52~56HRC）。

2. 浇注系统

浇注系统为注射机喷嘴开始至模腔的一段通道，包括主流道、分流道、浇口、冷料穴。

3. 推出机构

制品脱出是注射成型周期中最后一个环节，当制品在模具中固化后，需要有一套有效的机构将其从模具中脱出。脱出质量的好坏将最后决定制品的质量，脱出过程中不能使制品产生变形、顶白、破裂等制品缺陷。常见的制品推出机构有圆顶针、扁顶针、推管、推板等。

一般情况下，推出机构包括有推杆、复位杆、推杆固定板、推板、主流道拉料杆等。

图2-1-2中所示的件3回程杆和件4回程弹簧组成复位装置。其作用为：模具在合模过程中，首先靠弹簧将制品脱出机构回位。当回程杆与定模接触时确保制品脱出机构完成复位。回程杆常用Cr2（GCr15）（SUJ2）（高频淬火60±2HRC）材料。

图2-1-2所示的件19推出导柱、件23推出导套，构成模具的推出导向机构，其作用为：在制品脱出与脱出机构回位过程中，对顶出板进行导向。推出导柱与推出导套常用Cr2（GCr15）（SUJ2）（高频淬火60±2HRC）材料。

4. 冷却系统

冷却系统设置的目的是：控制模温从而控制制品的质量并提高生产效率。模具温度及其波动对制品的收缩率、变形、尺寸稳定性、机械强度、应力开裂和表面质量等均有影响。主要表现为对表面光洁度、残余应力、结晶度、热弯曲等方面的影响。

5. 成型零件

成型零件指用于成型塑件内外表面的零件，即模仁。如图2-1-2中件8动模仁、件9定模仁均为成型零件。视制品使用要求、模具排气要求、模仁制造要求及模具维护要求，模仁可做成整体式，也可做成组合式。

6.排气结构

模腔中气体的来源:模内原有的空气,塑料中的水分及低分子挥发物,塑料分解放出的气体。因此,考虑排气是十分必要的。

此外,对于不同结构的塑料制件,模具还应有其他组成部分,如采用三板式模具结构时应有顺序脱模机构,当塑件存在侧凹、侧凸时应有侧抽芯机构等。

任务评价

(1)绘制两板式注射模模具装配图草图,并标注名称,塑件形状自拟。

(2)根据模具装配图草图绘制完成情况进行评价,见表2-1-1。

表2-1-1　模具装配图草图绘制评价表

评价内容	评价标准	分值	学生自评	教师评价
成型零件	结构是否完整、正确	15分		
浇注系统	结构是否完整、正确	15分		
支承零部件	结构是否完整、正确	15分		
推出机构	结构是否完整、正确	15分		
冷却系统	结构是否完整、正确	15分		
资料查阅情况	是否查阅各种资料	10分		
情感评价	是否积极参与课堂、与同学协作完成情况	15分		
学习体会				

任务二 分析注射成型工艺过程及选择注射参数

 任务目标

(1)熟悉注射成型的工艺参数。

(2)能根据制品情况初步设定注射成型参数。

(3)能进行工艺参数的调试,并确定注射成型工艺规程。

 任务分析

注射成型过程是在注射成型机上完成的。无论是从事模具设计,还是模具的调试及注射成型操作,都需要熟悉注射成型机的参数及工艺过程。通过本任务的完成,熟悉注射成型机的操作过程,并能分析注射成型参数对注射成型质量与生产效率的影响。

 **任务实施**

(1)拟订成型制品的工艺过程:查原料的种类与牌号、MFR值;确定所有材料是否需要干燥及干燥条件,制品是否有后处理及后处理工艺条件。

(2)拟订成型制品的工艺参数。

(3)将拟订的工艺过程与工艺参数填写在表中。

(4)完成模具的安装与注射机的操作。

相关知识

一、注射成型原理及特点

注射成型(注塑)是使热塑性或热固性塑料先在加热料筒中均匀塑化,而后由柱塞或移动螺杆推挤到闭合模具的模腔中成型的一种方法。

1.注射成型的原理

注射成型是根据金属压铸成型原理发展起来的,首先将粒状或粉状的塑料原料加入注射机的料筒中,经过加热熔融成黏流态,然后在柱塞或螺杆的推动下,以一定的流速通过料筒前端的喷嘴和模具的浇注系统注射入模具型腔中,经过一定时间后,塑料在模内硬化定型,接着打开模具,从模内脱出成型的塑件。

2.注射成型的特点

(1)优点。成型周期短、生产效率高、易实现自动化;能成型形状复杂、尺寸精确、带有金属或非金属嵌件的塑料制件;产品质量稳定;适应范围广。到目前为止,除含氟塑料以外,几乎所有的热塑性塑料都可以用注射成型的方法成型。另外,一些流动性好的热固性塑料也可注射成型。

(2)缺点。注射设备价格较高;注射模具结构复杂;生产成本高、生产周期长、不适合于单件小批量的塑件生产。

二、注射成型的工艺过程

注射成型的整个工作周期包括成型前的准备、注射过程和塑料制件的后处理。注射成型的工艺过程如图2-1-1所示。

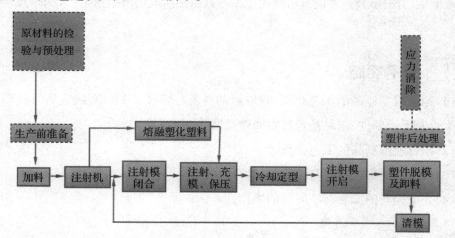

图 2-2-1　注射成型工艺过程

注射过程的3个主要阶段如图2-2-2所示。注射阶段如图2-2-2(a)所示,循环开始时,注射机锁模机构启动合模压力闭合模具,形成封闭模具型腔,熔体在注射机料筒中塑化,经模具浇注系统注入模腔。

保压和定型阶段如图2-2-2(b)所示,在注射压力下,熔体注入模具并充满型腔,模具内部压力逐步增加到最大，注射压力保持，直到塑料制件固化成型。

推出阶段如图2-2-2(c)所示，当塑料制件已固化定型，在注射机锁模机构作用下开启模具，推出装置将塑料制件推出型腔。

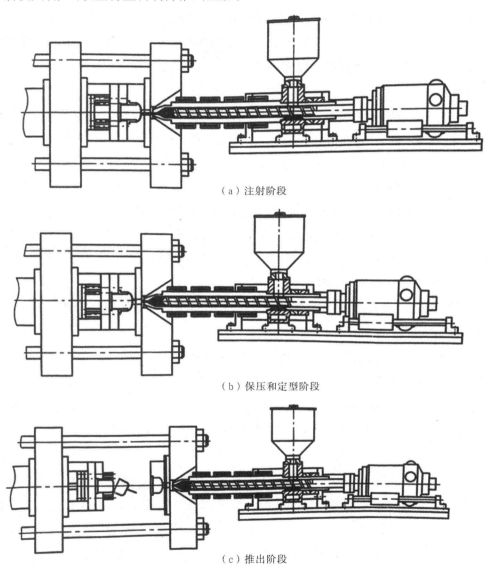

（a）注射阶段

（b）保压和定型阶段

（c）推出阶段

图2-2-2　注射成型主要阶段原理图

1.成型前的准备

在成型前需做一些必要的准备工作：

(1)检验塑料原料的色泽、颗粒大小及均匀性等。

（2）测定塑料的熔体流动速率、流动性、热性能及收缩率等工艺性能；如果是粉料，有时还需要进行染色和造粒；有些塑料容易吸湿，如聚碳酸酯、聚酰胺等，还需要进行充分的干燥和预热；有些塑料原料如PA、PC、PMMA、PET、ABS等成型前必须干燥。

（3）对注射机（主要是料筒）进行清洗和拆换。

（4）如有金属嵌件时，由于金属嵌件与塑料的热性能和收缩率差别较大，在嵌件周围容易出现裂纹，成型前对金属嵌件进行预热，可以有效防止嵌件周围过大的内应力，从而减少裂纹的产生。

（5）脱模有一定困难的塑件，要选择合适的脱模剂。脱模剂是使塑件容易从模具中脱出而敷在模具表面的一种助剂。

2.注射成型过程（以螺杆式注射机为例）

（1）注射成型的流程。

①塑料原料加入料筒，料筒外部安装有电加热圈，加热使塑料原料塑化。

②转动螺杆（柱塞）通过其螺旋槽输送塑料原料向前移动，直至料筒前端的喷嘴附近；螺杆的转动使料温在剪切摩擦力的作用下进一步提高，原料进一步塑化。

③当料筒前端的塑料熔料积聚到一定程度，对螺杆产生一定压力时，螺杆就在转动中后退，直到与调整好的行程开关相接触，此时料筒前部熔融塑料的储量正好可以完成一次注射。

④注射液压缸开始工作，与液压缸活塞相连接的螺杆以一定的速度和压力将熔融塑料通过料筒前端的喷嘴注入温度较低的闭合模具型腔中。

⑤保压一段时间，塑料经冷却固化后即可保持模具所赋予的形状，然后开模分型，在推出机构的作用下，将塑件推出型腔，完成一个注射成型周期。

（2）注射成型的具体步骤。

①加料。需要定量加料。加料的主要问题是确定一次的加料量，也就是料筒中一次的注射（塑化）量。一次加料量过多，塑料的受热时间过长，容易引起物料的热降解，同时注射机的功率损耗增多；加料过少，注射时料筒内缺少传压介质，型腔中塑料熔体压力降低，难于补压，容易使塑件出现收缩、凹陷和充填不足等缺陷。

②塑化。塑化是颗粒状固体塑料在料筒中经过加热，转变为黏流态且具有良好的可塑性的过程。对塑化的要求：塑料熔体在进入型腔之前，应达到规定的成型温度，并能在规定的时间内提供足够数量的熔体，熔体各处温度应均匀一致，不发生或者极少发生热分解，以保证生产的连续顺利进行。

③充模。从螺杆开始推动塑料熔体起,塑料熔体经过喷嘴及模具浇注系统,直至充满型腔为止,如图2-2-3所示。

图2-2-3 充模过程

④保压。从塑料熔体充满型腔起到螺杆撤回的一段时间。熔体充满型腔后,开始冷却收缩,但螺杆继续保持施压状态,料筒内的熔料会向模具型腔内继续流入,以补充因收缩而留出的空隙。保压阶段对于提高塑件的密度、降低收缩和克服塑件表面缺陷都有影响。

⑤倒流。保压结束后,螺杆后退,这时型腔内的压力比流道内的高,因此会发生熔体的倒流,从而使型腔内压力迅速下降,直到浇口处熔料冻结才结束。如果螺杆后退之前浇口已经冻结或者在喷嘴中装有止逆阀,倒流阶段就不会出现。

⑥浇口冻结后的冷却。从浇口的塑料完全冻结开始,到塑件从型腔中脱出为止。这一阶段,型腔内塑料继续冷却,以便塑件在脱模时具有足够的刚度而不致发生扭曲变形。没有塑料从浇口处流进或流出,但型腔内还可能有少量流动。

⑦脱模。塑件冷却到一定程度即可开模,在推出机构的作用下将塑件推出模外。

3. 塑件的后处理

为了减小塑件的内应力,改善和提高塑件的性能和尺寸稳定性,塑件经脱模或机械加工后,常需要进行适当的后处理。后处理主要有退火和调湿处理。

(1)退火处理。

制品脱模后,其内部存在内应力,并因此导致塑件在使用过程中产生开裂和变形,此时可以用退火的方法消除内应力。

退火处理是使塑件在一定温度的烘箱或加热液体介质(如热水、热的矿物油、甘油、乙二醇和液状石蜡)中静置一段时间,然后缓慢冷却。

退火温度:退火温度应控制在塑件使用温度以上10~20 ℃,或塑件的热变形温度以下10~20 ℃。

退火时间:4~24 h。

（2）调湿处理。

有些制品在高温下与空气接触会氧化变色，有些在空气中使用或存放时容易吸收水分膨胀，该情况下需要很长时间才能得到稳定尺寸，此时可用调湿的方法来避免上述情况。

将刚脱模的塑件放在热水中处理，即可以隔绝空气进行防止氧化的退火，还可以加快达到吸湿平衡，这个过程称为调湿处理。

通常聚酰胺类塑件需要进行调湿处理，因为此类塑件在高温下与空气接触时常会发生氧化变色，在空气中使用或存放时又容易吸收水分而膨胀，需要较长时间才能得到稳定的尺寸。

调湿处理的温度一般为 100～120 ℃。

调湿时间一般为 2～96 h。

三、注射成型工艺条件的选择与控制

1. 温度控制参数

注射过程中所需控制的温度参数有料筒温度、喷嘴温度、模具温度及油温。

（1）料筒温度。

料筒温度是指料筒表面的加热温度。料筒分 3 段加热，从料斗到喷嘴，温度依次增高。第 1 段靠近料斗，温度应低些。第 2 段处于压缩段，其温度一般比所用塑料的熔点或黏流态温度高 20～25 ℃。第 3 段为计量段，该段的温度比第 2 段高 20～25 ℃。

（2）喷嘴温度。

喷嘴温度通常略低于料筒的最高温度。

（3）模具温度。

模具温度通常靠通入定温的冷却介质进行控制；对较小的制品，也可靠熔体注入模腔后的自然升温和降温来达到平衡，从而保持一定的模温。特殊情况下，还可采用电加热方式来控制模温。

2. 压力

注射模塑过程中要控制的压力有塑化压力和注射压力。

（1）塑化压力。

所谓塑化压力是指采用螺杆式注射机，螺杆顶部熔体在螺杆转动后退时所受到的压力。又称为背压。

（2）注射压力。

注射压力是指螺杆顶部对塑料所施加的压力。其作用是克服熔体从料筒流向型腔的流动阻力；使熔体具有一定的充满型腔的速率；对熔体进行压实。

注射压力大小取决于塑料品种、注射机类型、模具结构、塑料制品的壁厚和熔料流程及其他工艺条件,尤其是浇注系统的结构和尺寸。

3.时间(成型周期)

完成一次注射模塑过程所需的时间称为成型周期,或称模塑周期。主要包括以下4部分:

①充模时间。充模时间是指螺杆前进的时间。

②保压时间。保压时间是指螺杆在高压补料阶段所停留的时间。

③总的冷却时间。它包括保压时间和闭模冷却时间。

④其他时间。如开模、脱模、涂脱模剂、安装嵌件及闭模等所需时间。

表2-2-1 常见材料的注射成型工艺参数范围

树脂名称	螺杆转速/(r·min⁻¹)	喷嘴		料筒温度/℃			模具温度/℃	注射压力/MPa	保压压力/MPa	注射时间/s	保压时间/s	冷却时间/s	总周期/s
		形式	温度/℃	前	中	后							
PS	范围较宽	直通式	200~210	170~190	170~190	140~160	20~60	60~100	30~40	1~3	15~40	15~40	40~90
ABS	30~60	直通式	180~190	200~210	200~220	180~200	50~70	70~90	50~70	3~5	15~30	15~30	40~70
PP	30~60	直通式	170~190	180~200	200~220	160~170	40~80	70~120	50~60	1~5	20~60	10~50	40~120
HDPE	30~60	直通式	150~180	180~190	180~200	140~160	30~60	70~100	40~50	1~5	15~60	15~60	40~140
POM	20~40	直通式	170~180	170~190	180~200	170~190	90~120	80~130	30~50	2~5	20~90	20~60	50~160
PC	20~40	直通式	230~250	240~280	260~290	240~270	90~100	80~130	40~50	1~5	20~80	20~50	50~130

注:"注射压力""保压压力"等表示的是在相应压力下产生的压强,故模具行业中通常将其单位定为Pa(或kPa、MPa)。书中其他相似情况也同此,特此说明。

四、成型常见缺陷及其产生原因

注射中常见的缺陷有充填不足、熔接痕迹、波流痕、翘曲变形、溢料、银纹、凹陷、糊斑、裂纹、气泡、暗泡等。注射制品的缺陷既与成型工艺条件有关,也与原料、设备、塑件结构、模具结构等有关。本任务仅从工艺参数调节的角度进行分析,主要介绍以下一些常见缺陷及其产生的原因。

(1)充填不足。

充填不足的表现:型腔未完全充满,导致制品不饱满,制品外形残缺不全。

工艺方面的原因:模温过低,注射压力过低,保压时间太短,熔体温度过低,注射速率太慢。

(2)熔接痕迹。

熔接痕迹的表现:塑件表面出现一种线形痕迹,影响塑件外形,且对制品强度造成影响。

工艺方面的原因:保压时间过短,模具温度过低,注射速率过大或过小。

(3)波流痕。

波流痕的表现:塑件表面产生以浇口为中心的年轮状、螺旋状或云雾状的波形凹凸不平的现象。

工艺方面的原因:保压时间过短,模具温度过低,注射速率过大或过小。

(4)翘曲变形。

翘曲变形的表现:塑件产生旋转或扭曲现象,平面处有起伏,自边缘朝里或朝外弯曲与扭曲。

工艺方面的原因:注射压力过高,熔体温度过高,熔体流速过慢,保压压力过高。

(5)溢料。

溢料的表现:熔体流入模具分模面及模具间隙中,形成飞边。

工艺方面的原因:熔体温度过高,注射压力过大,注射量大。

(6)银纹。

银纹的表现:塑件表面形成很长的针状白色如霜的细纹。

工艺方面的原因:熔体温度过高,保压时间过长,注射速率过大,熔体在料筒中停留时间太长。

(7)凹陷。

凹陷的表现:制品表面不平整,向内产生浅坑。

工艺方面的原因:熔体温度过高导致制品冷却不足,模具温度过高,注射及保压时间太短,注射及保压压力太低。

(8)糊斑。

糊斑的表现:塑件表面或内部有许多暗黑色条纹或斑点。

工艺方面的原因:熔体温度太高,注射压力太大,注射速率过大。

(9)裂纹。

裂纹的表现:塑件内、外表面出现间隙或裂缝及由此形成的制品破裂。

工艺方面的原因:保压时间过长,注射及保压压力过大。

(10)气泡。

气泡的表现:塑件内部形成体积较小或成串孔隙的现象。

工艺方面的原因:注射速度过快,熔体温度过高或过低,模温过高或过低,加料量过多或过少,保压压力过低或保压时间太短,机筒供料段温度过高。

(11)暗泡。

暗泡的表现:塑件内部产生的真空孔洞,又称真空泡。

工艺方面的原因:模温过低,熔体温度过高,保压压力与保压时间不够。

五、注射成型设备(注射机)

注射机通常包括注射系统、液压动力系统、锁模系统和控制系统等。注射机操作项目包括控制键盘操作、电器控制系统操作和液压系统操作3个方面。分别进行注射过程动作、加料动作,注射压力、注射速度、顶出形式的选择,料筒各段温度的监控,注射压力和背压压力的调节等。

注射机的分类方法较多,通常可分为以下几种:

(1)按锁模机构的运动方向分:卧式注射机、立式注射机和直角式注射机,如图2-2-4所示。

(2)按注射装置结构分:柱塞式、螺杆式,如图2-2-5所示。

(3)按原材料的种类分:热塑性塑料注射机、热固性塑料注射机(电木机)。

(4)按锁模装置结构分:曲轴式注射机、直压式注射机、复合直压式注射机。

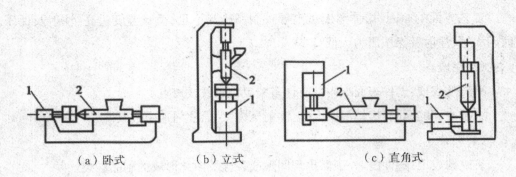

（a）卧式　　　　（b）立式　　　　　　（c）直角式

1-合模装置；2-注射装置

图 2-2-4　按锁模机构的运动方向分

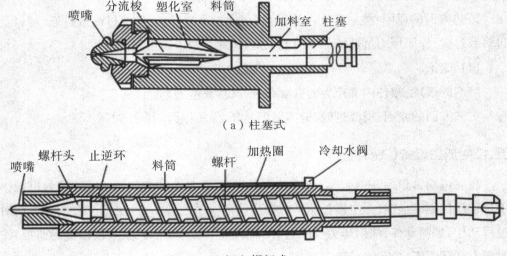

（a）柱塞式

（b）螺杆式

图 2-2-5　按注射装置结构分

其中,卧式注射机、螺杆式注射机、热塑性塑料注射机最为常见。

我国注塑机行业制订的注射机规格有 SZ 系列和 XS 系列。SZ 系列是以理论注射量和锁模力共同表示设备规格。如 SZ-200/1000,"SZ"表示塑料注射成型机,理论注射量为 200 cm³,合模力为 1000 kN。

XS 系列是比较早时采用的系列,它以理论注射量表示注射的规格。如 XS-ZY-125A,XS-ZY 指预塑式(Y)塑料(S)成型机(X),125 指理论注射量为 125 cm³,A 指设备设计序号第 1 次改型。

目前,国产注射机的生产厂家较多,其规格已突破了原国家标准规定的系列,往往用厂家的名字的缩写字母加上主参数来表示注射机的规格。如 HT 系列为海天机械有限公司生产的注射机,HTF90W2,表示海天公司 FW2 系列,锁模力为 900 kN;LY系列为利源机械有限公司生产的注射机等,主参数也往往采用了锁模力来描述注射机的型号大小。

任务评价

（1）在表2-2-2中填写项目二开篇中所提到平板件所用塑料的成型工艺。

表2-2-2　成型工艺卡

塑件名称	塑料材料种类	塑料材料牌号	塑料材料干燥条件	脱模剂	塑件净重	制品后处理	使用设备型号
温度/℃	喷嘴	前	中	后	定模	动模	冷却介质
压强/MPa	注射	保压	背压	时间/s	注射	保压	冷却
流量/%	注射	保压	制品主要尺寸/mm	长	宽	高	壁厚

(2)根据成型工艺卡完成情况,具体评价见表2-2-3。

表2-2-3　成型工艺卡评价表

评价内容	评价标准	分值	学生自评	教师评价
工艺卡填写	分析是否正确	70分		
资料查阅	是否合理有效利用手册、电子资源等	20分		
情感评价	是否积极参与课堂活动、与同学协作完成任务情况	10分		
学习体会				

注射成型工艺调试操作。

任务三 确定型腔数目及排位

 任务目标

(1)能确定型腔布局和数量。

(2)能根据塑件要求选择合适的注射机型号。

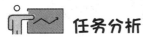 **任务分析**

确定本项目中塑料平板件的型腔数量及模腔排列方式,计算对应注射机所需的注射量、锁模力和开模行程,校核模具与注射机的有关结构参数。

任务实施

1.塑料原料的选择

根据相关资料可知,产品为一个平板件,作用主要是防尘和遮盖。产品使用寿命不低于10年,售卖价位要大众化,所以对材料要求主要是具备一定的强度和硬度,价钱要合适,综合考虑如下:

由于产品尺寸不大,可采用注射成型工艺成型;常用材料是价位较低的聚乙烯(PE)、聚丙烯(PP)、聚氯乙烯(PVC)等;聚乙烯硬度相对较差,所制作产品容易变形,聚丙烯、聚氯乙烯则硬度较好,特别是聚丙烯抗冲击性能较佳;聚氯乙烯流动性较差,而聚乙烯、聚丙烯较好。综合上述考虑,选择塑料聚丙烯作为制造材料。

2.确定型腔数量

产品外形尺寸为80 mm×32 mm×1.5 mm,属于较小尺寸制件,产品批量为100万件,属于大批量生产,可采用多型腔生产提高生产率。

综上所述,可采用多型腔生产,但随着型腔数量增多,产品精度有所下降,而且模腔数量越多,模架尺寸也随着增大,导致模具成本上升。鉴于成本控制和产品尺寸精度要求较高,选择一模两腔。

3.确定型腔排列方式(图2-3-1)

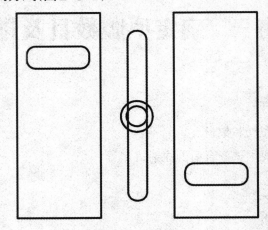

图2-3-1 型腔排列分布

4.选择注射机

(1)注射量校核。

$V_{制}$=长×宽×高×腔数=80 mm×32 mm×1.5 mm×2≈7.68(cm³)

$V_{凝}$≈1.2(cm³)

$V=V_{制}+V_{凝}$≈8.88(cm³)

每个制件的质量与该制件的密度以及体积有关,根据公式m(质量)$=\rho$(密度)V(体积),即m=1.4×8.88=12.432(g)

因此注射机最大注塑量乘以0.8大于或等于12.432g。

(2)锁模力校核。

$A_{分}$为单个塑件在分型面上的投影,$A_{分}$≈2560 mm²

$$kF_{锁} \geqslant npA + pA_1$$

$$0.8F_{锁} \geqslant 2560 \times 2 \times 24.5$$

$$F_{锁} \geqslant 156.8(kN)$$

(3)初选注射机型号。

根据以上计算选用XS-ZY-125注射机,其主要参数见表2-3-1。

表2-3-1 XS-ZY-125注射机主要参数

理论注射容量(cm^3)	60	锁模力(kN)	500
螺杆直径(mm)	38	拉杆内间距(mm)	190×360
注射压力(MPa)	122	移模行程(mm)	180
注射行程(mm)	170	最大模厚(mm)	200
注射方式	注射式	最小模厚(mm)	70
喷嘴球半径(mm)	12	定位圈尺寸(mm)	100
锁模方式	液压—机械	喷嘴孔直径(mm)	4

 **相关知识**

一、型腔数目的确定

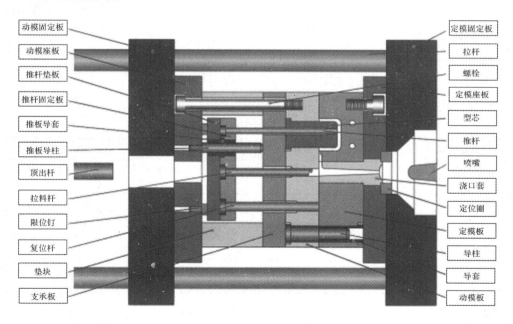

图2-3-2 注射模在注射机上的安装关系

模具固定在注射机上,如图2-3-2所示。模具型腔的数量通常根据塑料产品的批量、塑件的精度、塑件的大小、用料以及现有的设备状况来确定。一般来说,生产批量大、塑件精度低、塑件尺寸小的型腔数目选多些,反之型腔数目选少些。国外有实验表明,每增加一个型腔,其成型塑件的尺寸精度下降5%。通常塑件精度要求高时,

型腔数目不宜超过4腔。对已有的设备可通过计算确定型腔数目。

1. 按注射机的额定塑化量进行计算

$$80\% V_{注射机} \leqslant n V_{件} + V_{浇注系统} \tag{2-3-1}$$

式中：$V_{注射机}$——注射机所能提供的最大注射塑料容量，单位为 cm^3；

n——型腔数量；

$V_{件}$——完成一个制件所需的塑料容量，单位为 cm^3；

$V_{浇注系统}$——浇注系统所需塑料质量或体积，一般按 $10\% V_{件}$ 估算，单位为 cm^3。

2. 按注射机的额定锁模力进行计算

$$F_{锁} > F_{胀} = nkpA \tag{2-3-2}$$

式中：$F_{锁}$——注射机的额定锁模力，单位为 N；

$F_{胀}$——注射时，型腔内熔体对模具的胀开力，单位为 N；

A——单个塑件和浇注系统在模具分型面上的投影面积，mm^2；

n——型腔数目；

p——型腔压强，单位为 MPa，可查表 2-3-2，也可以根据式 2-3-3 估算；型腔压强可按下式粗略计算，即

$$p = kp_{注} \tag{2-3-3}$$

式中：k——压力损耗系数，通常在 $0.25 \sim 0.5$ 范围内；

$p_{注}$——注射压强，单位为 MPa。

表2-3-2 模内的平均压强

制品特点	模内平均压强 p_m/MPa	举例
容易成型制品	24.5	PE、PP、PS等壁厚均匀的日用品、容器类制品
一般制品	29.4	在模温较高时，成型薄壁容器类制品
中等黏度塑料和有精度要求的制品	34.3	ABS、PMMA等有精度要求的工程结构件，如壳体、齿轮等
加工高黏度塑料、高精度、充模难的制品	39.2	用于机器零件上高精度的齿轮或凸轮

二、产品排位

产品排位是指根据模具设计要求，将需要成型的一种或多种制件按照合理的注塑工艺、模具结构要求进行排列。产品排位与模具结构、塑料制品工艺性相辅相成，并直接影响着后期的注塑工艺，排位时必须考虑相应的模具结构，在满足模具结构的条件下调整排位。

从注塑工艺角度需考虑以下几点：

模具型腔数确定后,应考虑型腔的布局。注塑机的料筒通常置于定模板中心轴上,由此确定了主流道的位置,各型腔到主流道的相对位置应满足以下基本要求：

(1)流动长度。每种制料的流动长度不同,如果流动长度超过工艺要求,制件就不能充满。

(2)流道废料。在满足各型腔充满的前提下,流道长度和截面尺寸应尽量小,以降低废料率。

(3)浇口位置。当浇口位置影响塑件排样时,需先确定浇口位置,再排样。在一模多腔的情况下,浇口位置应统一。

(4)进料平衡。进料平衡是指塑料熔体在基本相同的情况下,同时充满各型腔。

三、型腔排布考虑因素

1.满足压力平衡

(1)排样均匀、对称。轴向平衡对角排位可以做到温度和压力平衡。排样对比布局如图2-3-3所示。

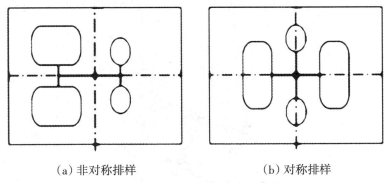

(a)非对称排样　　　　　　　(b)对称排样

图2-3-3　排样对比布局

(2)利用模具结构平衡,如图2-3-4、图2-3-5所示。

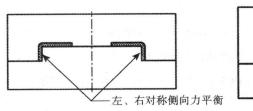

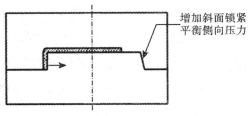

增加斜面锁紧平衡侧向压力

左、右对称侧向力平衡

图2-3-4　侧向压力平衡　　　图2-3-5　斜面锁紧平衡

2. 平衡式布置

平衡式布置的特点是：从主流道到各个型腔的分流道，其长度、断面尺寸及其形状都完全相同，以保证各个型腔同时均衡进料，同时注射完毕。它大体有如下形式：

（1）辐射式。

型腔在以主流道为圆心的圆周处均匀分布，分流道均匀辐射至型腔处，如图2-3-6所示。在图（a）的布局中，由于分流道中没设置冷料穴，其冷料就可能进入模腔。图（b）比较合理，在分流道的末端设置冷料穴。图（c）是最理想的布局，它克服了以上分流道分布过密的不足，节省了凝料的用量，制造起来也较为方便。

辐射式分布缺点：排列不够紧凑，同等情况下使成型区域的面积较大，分流道较长，必须在分流道上设顶料杆。同时，在加工和划线时，需要使用极坐标，给操作带来麻烦。

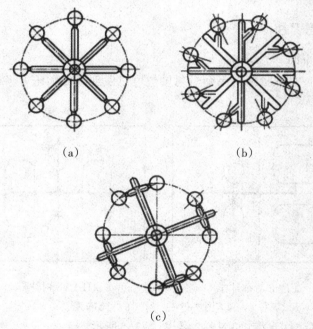

（a）　　　　　　　　　（b）

（c）

图2-3-6　辐射式分流道

（2）单排列式。

单排列式的基本形式如图2-3-7（a）所示，在多型腔模中普遍采用。在需要对开侧抽芯的多型腔模中，如斜导柱或斜滑块的抽芯模中，为了简化模具流道和均衡进料，往往也采用如图2-3-7（b）形式，必须将分流道设在定模一侧，便于流道凝料完整取出和不妨碍侧分型的移动。

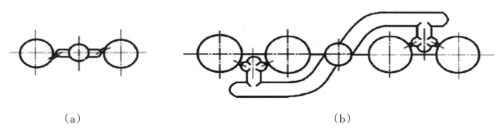

（a）　　　　　　　　　　　　　　（b）

图 2-3-7　单排列分流道

（3）"Y"形。

它是以3个型腔为一组按"Y"形排列，用于型腔数为3的倍数的模具，如图2-3-8所示。型腔数分别为3、6、12的分流道的布局，其中图2-3-8（a）和辐射式相似。它们的共同缺点是分流道上都没有设冷料穴，但只要在流道交叉处设一个钩料杆式的冷料井，则是较为理想的布局。

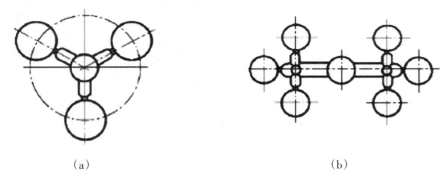

（a）　　　　　　　　　　　　　　（b）

图 2-3-8　"Y"形排列

（4）"X"形。

"X"形是以4个型腔为一组，分流道呈交叉的"X"状，如图2-3-9所示。

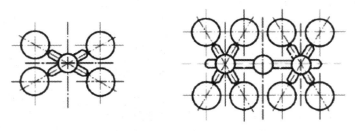

图 2-3-9　"X"形排列

（5）"H"形。

这是常用的一种。它是以4个型腔为一组按"H"形排列，用于型腔数量为4或者4的倍数的模具，如图2-3-10所示。其特点是排列紧凑、对称平衡，且它们的尺寸都在模体的X、Y坐标方向变化，易于加工，在多型腔的模具中得到广泛的应用。

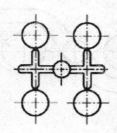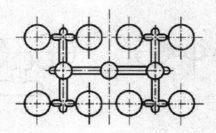

图 2-3-10　"H"形排列

3.非平衡式布置

特点:分流道到各型腔浇口长度不相等,如图2-3-11所示。

优点:适应于型腔数量较多的模具,使模具结构紧凑。

缺点:塑料进入各型腔有先有后,不利于均衡送料。为达到同时充满型腔的目的,各浇口的断面尺寸要制作得不同,在试模中要多次修改才能实现。

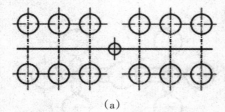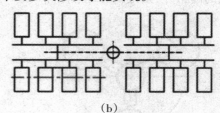

　　　(a)　　　　　　　　　　　　　　　　　(b)

图 2-3-11　非平衡式布置

任务评价

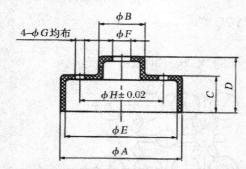

技术要求:

1.塑件不允许有变形、裂纹;

2.脱模斜度30′~1°;

3.未注圆角R2~R3;

4.壁厚处处相等;

5.未注尺寸公差,按所用塑料的高精度级查取。

图号	材料	尺寸序号							
		A	B	C	D	E	F	G	H
01	PP	70	30	25	35	65	10	5	50
02	ABS	110	70	65	75	105	13	10	90

图2-3-12　塑料仪表盖及相关参数

（1）图2-3-12塑料仪表盖要求大批量生产，精度为MT5，根据要求确定型腔的排位及初选注射机等，并填写在表2-3-3中。

表2-3-3　任务完成情况记录表

型腔数量的确定及依据：
型腔排列方式的确定及依据：
注射机的选择： （1）注射量的计算及依据 （2）锁模力的计算及依据 （3）注射机型号的选用

（2）根据塑料仪表盖的排位、数量及注射机的选择情况进行评价，见表2-3-4。

表2-3-4　型腔排位等评价表

评价内容	评价标准	分值	学生自评	教师评价
型腔数量确定及依据	分析是否合理	20分		
型腔排列方式的确定及依据	分析是否合理	20分		
注射机的选择	分析是否合理	30分		
模具设计手册的查阅	是否查阅设计手册	20分		
情感评价	是否积极参与课堂活动、与同学协作完成任务情况	10分		
学习体会				

任务四　确定分型面的位置

任务目标

(1)熟悉分型面的基本形式及表示方法。

(2)能根据塑件结构特点及质量要求确定分型面的位置。

任务分析

模具上用来取出塑件及浇注凝料的可分离的接触表面称为分型面。分型面是决定模具结构形式的重要因素,它与模具的整体结构和模具的制造工艺有密切关系,并且直接影响塑料熔体的流动充填及制品的脱模。因此,分型面的选择是注射模设计中的一个关键内容。

任务实施

由于该薄片塑件底面平整,所以可选用最简单的平直分型面。根据分型面的选择原则"应选在塑件外形最大轮廓处"及"应有利于塑件脱模",所以以产品顶面作为分型面,如图2-4-1所示。

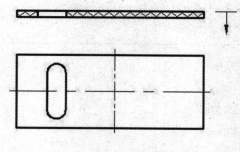

图2-4-1　分型面的选择

相关知识

分型面的设计在塑料模具设计里有着非常重要的地位。可以说,分型面的设计是塑料模具设计的基础。如果分型面没有确定,则入水方式、入水点的选择,顶针的设计,滑块、斜向抽芯的设计,排气的设计,冷却水的设计等都将无从下手。所谓的分型面,简单地说,就是在注塑胶料时所有参与封胶的面,如图2-4-2所示。

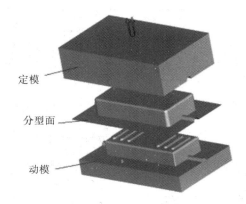

定模

分型面

动模

图2-4-2 分型面示意图

一、分型面的分类

在实际设计工作中分型面的形式有:

①平面分型面,如图2-4-3(a)所示。

②斜面分型面,如图2-4-3(b)所示。

③阶梯分型面,如图2-4-3(c)所示。

④曲面分型面,如图2-4-3(d)所示。

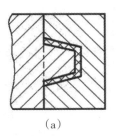 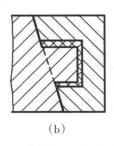 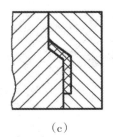 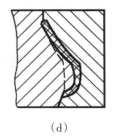

(a)　　　　　　　(b)　　　　　　　(c)　　　　　　　(d)

图2-4-3 分型面的不同形式

二、分型面的表示方法

在模具的装配图上,分型面的表示一般采用如下方法:当模具分型时,若分型面两边的模具都移动,用"↔"表示;若其中一方不动,另一方移动,用"↦"表示,箭头指向移动的方向;多个分型面应按分型的先后次序,标示出"A""B""C"等,如图2-4-4所示。

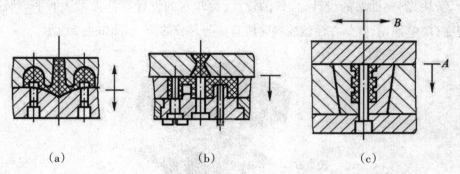

（a）　　　　　　　　　　（b）　　　　　　　　　　（c）

图2-4-4　分型面的表示方法

三、分型面的选择原则

1.应选在塑件外形最大轮廓处

当已初步确定塑件的脱模方向后,其分型面应选在塑件外形最大轮廓处,即通过该方向上塑件的截面积最大,否则塑件无法从型腔中脱出,如图2-4-5(b)所示,即分型面选择不合理。图2-4-5(c)为分型面选择示例。

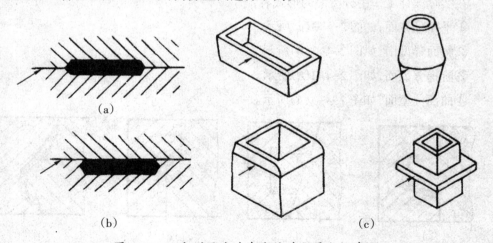

（a）

（b）　　　　　　　　　　　　　（c）

图2-4-5　分型面应选在塑件外形最大轮廓处

2.应有利于塑件脱模

有利于塑件脱模包括三个方面:

(1)成型的塑件在开模后必须留在有推出机构的那一半模上,这是最基本的要求。有推出机构的半模通常是动模。

（2）有利于塑件的脱出。当塑件外形比较简单，内形有较多的孔或复杂结构时，开模塑件必须留在动模上，如图2-4-6(a)所示合理，图(b)所示不合理。

（3）当塑件带有金属嵌件时，因为嵌件不会收缩且包紧凸模，所以外侧型腔应设计在动模一侧，否则开模后塑件会留在定模，使脱模困难。如图 2-4-6(c)所示合理，图2-4-6(d)所示不合理。

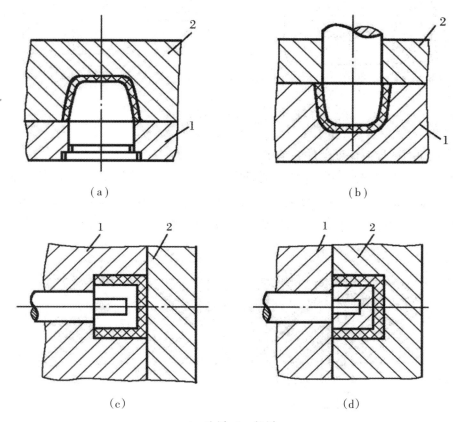

（a）

（b）

（c）

（d）

1-动模；2-定模

图2-4-6 塑件留模示意图

然而，即使选择的分型面位置可使塑件滞留在动模一侧，因分型面位置的不同，仍对脱模的难易和模具结构的复杂程度有影响。如图2-4-7所示，两者在开模时都可留于动模一侧，如按(a)图分型，只要在动模上设置一个简单的脱模板机构，塑件就可以很容易地从型芯上脱下；如按(b)图分型，若各孔之间的距离很小，则顶出脱模机构很难设置，即使能够设置，塑件也很容易在顶出脱模过程中产生翘曲变形。

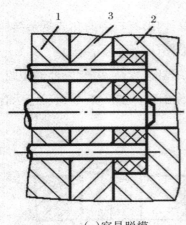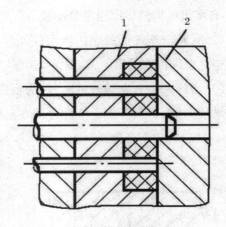

(a)容易脱模   (b)不容易脱模

1-动模;2-推件板;3-定模

图2-4-7　分型面对脱模难度的影响

3.分型面选择应保证塑件的精度

如果精度要求较高的塑件被分型面分割,则会因为合模不准确造成较大的形状和尺寸偏差,达不到预定的精度要求。如图2-4-8所示,由于D与d有同轴度要求,故应采用图(a)结构,而不采用图(b)的结构,因为后者不易保证D与d的同轴度要求。

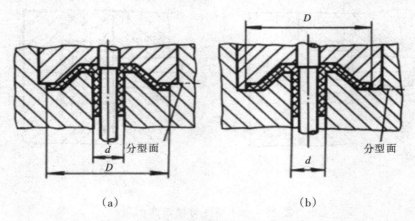

(a)   (b)

图2-4-8　分型面选择保证塑件精度

4.分型面的选择应不影响塑件外观

分型面应尽可能选在不影响塑件外观和飞边容易修整的部位,如图2-4-9(a)所示。如图2-4-9(b)所示分型面位置破坏塑料光滑的外表面。

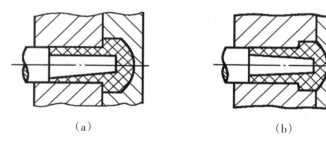

（a）　　　　　　　　　　　（b）

图 2-4-9　分型面选择保证塑件外观

5. 应有利于排气

为便于排气,分型面应尽可能与充填型腔的塑料熔体流末端重合,如图 2-4-10（b）、（d）结构合理,而图 2-4-10(a)、(c)结构不合理。

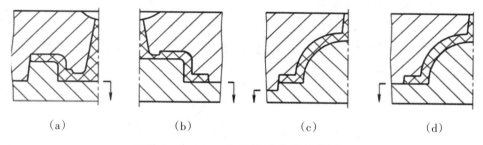

（a）　　　　　　　（b）　　　　　　　（c）　　　　　　　（d）

图 2-4-10　分型面对排气的影响

6. 应便于模具的加工制造

分型面的位置选择应尽量使成型零件便于加工,保证成型零件的强度,避免成型零件出现薄壁及锐角。

7. 应有利于侧向分型和抽芯

(1)若塑件上有侧孔侧凹时,宜将侧型芯设在动模上,以便抽芯,如果侧型芯设在定模部分,则抽芯比较麻烦。如图 2-4-11 所示。

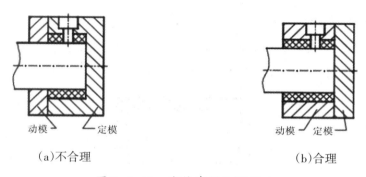

（a)不合理　　　　　　　　　　　（b)合理

图 2-4-11　塑件有侧孔侧凹时

（2）当有侧抽芯机构时，一般应将抽芯距离较大的放在开模方向上，而将抽芯距离小的放在侧向，如图2-4-12所示。

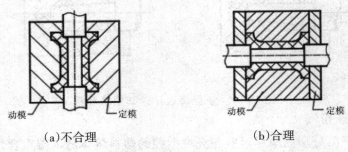

（a）不合理　　　　　　　　　　（b）合理

图2-4-12　塑件有侧抽芯机构时

8.应尽量减小脱模斜度给塑件大小端尺寸带来的影响

如图2-4-13所示，若采用图（a）的分型面，塑件两端外圆尺寸就会产生较大的差异，而且脱模也比较困难；如采用图（b）的分型面，不仅可以使用较小的脱模斜度，而且还能减小脱模难度。

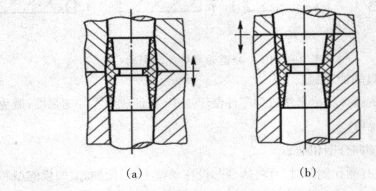

（a）　　　　　　　　　　（b）

图2-4-13　分型面对脱模斜度的影响

任务评价

（1）根据图2-3-12塑料仪表盖的结构形式，画出塑件的分型面位置，并写出依据。

（2）确定图2-4-14塑件（端盖）的分型面，并写出依据。

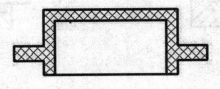

图2-4-14　端盖

（3）根据塑件分型面选择情况进行评价，见表2-4-1。

表2-4-1 塑件分型面选择任务完成评价表

评价内容	评价标准	分值	学生自评	教师评价
塑料仪表盖分型面位置	分析是否合理	20分		
分型面选择依据（塑料仪表盖）	分析是否合理	20分		
端盖分型面位置	分析是否合理	20分		
分型面选择依据（端盖）	分析是否合理	20分		
情感评价	是否积极参与课堂活动、与同学协作完成任务情况	20分		
学习体会				

任务五 设计流道

任务目标

能够根据塑件要求设计合适的流道。

任务分析

流道设计的好坏将直接决定浇注系统设计的成败。流道越大,则流量越大,注塑速度越快,同时废胶料也越多。流道的设计包含四个方面的设计:

(1)流道断面形式的选择和设计。

(2)主流道、分流道路径的选择和设计。

(3)主流道、分流道尺寸大小的选择和设计。

(4)流道在哪块板上加工的选择和设计。

任务实施

1. 主流道设计及主流道衬套结构选择

选用SBB类型浇口套,如图2-5-1所示。根据设计手册查得XS-Z-125型注射机喷嘴的有关尺寸为喷嘴前端孔径 $d_0 = 4$ mm;喷嘴前端球面半径:$R_0 = 12$ mm。

根据模具主流道与喷嘴及 $R = R_0 + (1 \sim 2)$ mm 及 $d = d_0 + (0.5 \sim 1)$ mm,取主流道球面半径 $R = 13$ mm,小端直径 $d = 4.5$ mm。

定位圈的结构如图2-5-2所示。

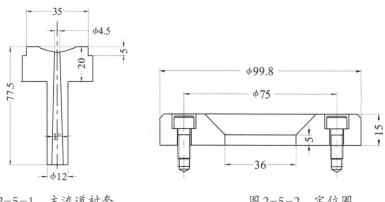

图 2-5-1　主流道衬套　　　　　　　　　图 2-5-2　定位圈

2.分流道设计

分流道的形状及尺寸,应根据塑件的体积、壁厚、形状的复杂程度、注射速率、分流道长度因素来确定。本塑件的形状不算太复杂,熔体填充型腔比较容易。根据型腔的排列方式可知分流道的长度较短,为了便于加工,分流道开在动模板上,截面形状为圆形,直径取6 mm。

 相关知识

一、浇注系统的作用及组成

浇注系统是指塑料熔体从注射机喷嘴出来后,到达型腔之前在模具中所流经的通道。浇注系统可分为普通流道浇注系统和无流道凝料浇注系统。

普通流道浇注系统一般由主流道、分流道、冷料穴、浇口等组成。图 2-5-3 所示为卧式注塑机注塑模具中使用的普通流道浇注系统。

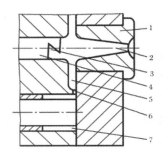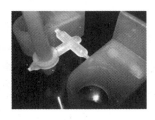

1-主流道衬套;2-主流道;3-冷料穴;4-拉料杆;5-分流道;6-浇口;7-型腔

图 2-5-3　普通流道浇注系统的组成

（1）主流道。主流道是模具中与注塑机喷嘴连接处至分流道的一段流动通道，是熔体进入模具最先经过的部位。

（2）分流道。分流道是主流道与浇口之间的一段流动通道。分流道能使流动的熔体平稳地改变流向；在多型腔模具中，还起着向各型腔分配进料的作用。

（3）冷料穴。冷料穴为主流道的延伸部分。冷料穴用于储存两次注射间隔所产生的冷料头，防止冷料头进入型腔造成制品焊接不牢，甚至堵住浇口。当分流道较长时，其末端也应开设冷料穴。

（4）浇口。浇口是分流道与型腔之间一段窄小的流动通道。其作用如下：① 使塑料熔体进入型腔时产生加速度，有利于熔体迅速充满型腔；② 成型时浇口处的塑料先冷却，因此可以封闭型腔，防止熔体倒流，避免制品产生缩孔。

二、浇注系统的设计

主流道一般单独设计成可拆卸更换的浇口套。

浇注系统主流道几何形状和尺寸如图2-5-4所示，其截面一般为圆形，设计时应注意下列事项。

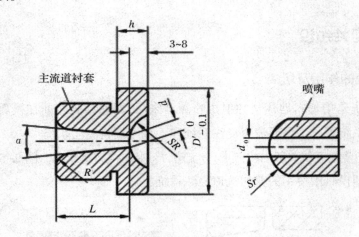

图 2-5-4　主流道形状及其与注射机喷嘴的关系

（1）主流道一般位于模具中心线上，且应当注意和注射机喷嘴的对中问题，因对中不良产生的误差容易在喷嘴和主流道进口处造成漏料或积存冷料，并因此妨碍主流道凝料脱模。为了解决对中误差并解决凝料脱模问题，主流道进口端直径 d 一般要比注射机喷嘴出口直径 d_0 大 $0.5 \sim 1$ mm，主流道进口端对应喷嘴头部应做成凹下的球面以便与喷嘴头部的球面半径匹配（图2-5-4），否则容易造成漏料，给脱卸主流道凝料造成困难。即：

$$d=d_0+(0.5 \sim 1)\text{mm} \tag{2-5-1}$$

$$SR=Sr+(1 \sim 2)\text{mm} \tag{2-5-2}$$

（2）为便于取出主流道凝料，主流道应呈圆锥形，锥角α取$2° \sim 6°$，对于流动性越差的塑料，其锥角越大。一般而言，主流道大端的直径一般比小端的直径大$10\% \sim 20\%$。主流道表壁的表面粗糙度应在$Ra0.8$以下。

（3）主流道出口端应有圆角，圆角半径R取$0.3 \sim 3$ mm。

（4）在保证制品成型的条件下，主流道长度应尽量短，以减少压力损失和废料量。如果主流道过长，则会使塑料熔体的温度下降而影响充模。通常，主流道长度小于或等于60 mm。

（5）浇口套、定位圈的设计。

①浇口套。由于主流道长期与高温塑料熔体和喷嘴接触，为了便于更换和维修，于是采用浇口套（又称主流道衬套、唧嘴）。此外，当主流道需要穿过几块模板时，为了防止横向溢料，致使主流道凝料难以取出，更应该设置浇口套。

浇口套的结构形状主要分为整体式和组合式两大类，整体式即浇口套和定位圈为一个整体；组合式即浇口套和定位圈分别加工。常见的浇口套有螺纹式、台肩式、平肩式，也有直杆形与锥面形，如图2-5-5所示。

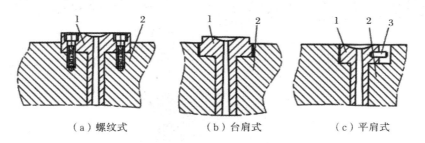

（a）螺纹式　　　　（b）台肩式　　　　（c）平肩式

（d）直杆形　　　　（e）锥面形

1—浇口套；2—定模座板；3—止转销

图2-5-5　浇口套的形状

浇口套的主要尺寸为主流道尺寸,为了拆卸修复浇口套与定模座板,通常采用H7/m6的过渡配合。

在注射成型过程中浇口套将承受很大的机械载荷,因此,通常用硬度描述浇口套的主要特征。为了实现该功能,浇口套必须具有耐磨性,弯曲疲劳强度,台肩不能太大。因此,浇口套常采用耐磨的优质钢材(如4Cr5MoSiV,GCr15等)单独加工,通过热处理获得53~57 HRC。

②定位圈。

当把注射机定模板中心定位孔配合定位的台肩和用于构成主流道的部分分开制造,这时的台肩就是定位圈,也称为定位环。如图2-5-6所示,定位圈主要有LRA和LRB两种型号。其主要作用是为了保证注射机喷嘴与模具浇注系统尽可能在同一轴线上。

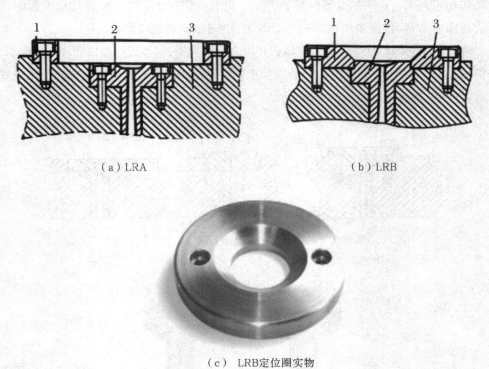

（a）LRA   （b）LRB

（c）LRB定位圈实物

1-定位圈;2-浇口套;3-定模座板

图2-5-6　定位圈的形状

定位圈的尺寸一般以其外径尺寸为准,有Φ60、Φ100、Φ120、Φ150几种规格,其尺寸大小的选择主要依靠其与模具匹配的注射机定位孔的尺寸,同时为了安装方便,定位圈与注射机定位孔一般按 H9/F9 或者 0.1 mm 的间隙进行装配,定位圈厚度应小于注射机定位孔的深度,一般为 5 ~ 10 mm。

三、分流道设计

在设计多型腔或者多浇口的单型腔浇注系统时,应设置分流道。其作用是改变熔体流向,使其以平稳的流态均衡地分配到各个型腔。设计时,应注意尽量减少流动过程中的热量损失与压力损失。

1. 分流道截面形状的选用

分流道截面形状设计时主要考虑流动效率、散热性能两个方面的因素。

流动效率通常采用比表面积(即流道表面积与其体积的比值)来衡量,即比表面积越小,流动效率越高;散热性能则主要与流道的表面积有关。通常,较大的截面面积,有利于减少流道的流动阻力;较小的截面周长,有利于减少熔体的热量损失。其具体截面形状流动效率以及散热性能参考表 2-5-1。

表 2-5-1　不同截面形状流道的流动效率以及散热性能

名称		圆形	正六边形	"U"形	正方形	梯形	半圆形	矩形		
流道截面	图形及尺寸代号									
流动效率		最大	更大	大	较大	较小	较小	小		
相关尺寸		$D=2R$	$b=1.1D$	$d=0.912D$	$b=0.886D$	$d=0.879D$	$d=1.414D$	h	$b/2$	$1.253D$
									$b/4$	$1.772D$
									$b/6$	$2.171D$
热量损失		最小	小	较小	较大	大	更大	最大		

从表 2-5-1 可以看出,相同截面面积流道的流动效率和热量损失的排列顺序。圆形截面的优点是:比表面积最小,热量不容易散失,阻力也小;缺点是:需同时开设在定模、动模上,需互相吻合,对中性强,制造较困难。"U"形截面的流动效率低于圆形与

正六边形截面,但加工容易,又比圆形和正方形截面流道容易脱模,因此,"U"形截面分流道具有优良的综合性能,以上两种截面形状的流道应优先采用。其次,应采用梯形截面。

2.分流道的尺寸

(1)分流道的截面尺寸。

分流道截面尺寸经验确定:上节分流道要比下节分流道大10%～20%。如图2-5-7所示,$D=(1.1～1.2)d$。

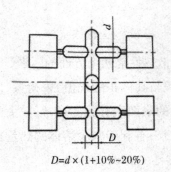

$D=d\times(1+10\%～20\%)$

图2-5-7　各级分流道之间的关系

$D_1\geq5.0$ mm,　$D_2\geq10.0$ mm

1-型腔侧壁;2-浇口套;3-分流道

图2-5-8　分流道的长度

流道端面规格有$\Phi2.0$ mm、$\Phi2.5$ mm、$\Phi3.0$ mm、$\Phi3.5$ mm、$\Phi4.0$ mm、$\Phi4.5$ mm、$\Phi5.0$ mm、$\Phi6.0$ mm、$\Phi8.0$ mm。

分流道:第一分流道的规格为$\Phi4.0～\Phi6.0$ mm;第二分流道的规格为$\Phi3.0～\Phi5.0$ mm;第三分流道的规格为$\Phi2.5～\Phi4.0$ mm;第四分流道的规格为$\Phi2.0～\Phi3.5$ mm。

有时也可利用式2-5-3来估算。

$$D=T_{max}+1.5 \qquad (2-5-3)$$

D——圆形分流道直径,mm。其他截面形状分流道,可参考表2-5-1中的关系来估算。

T_{max}——制件最大厚度,mm。

(2)分流道长度。

分流道的长度应尽可能短,且弯折少,以便减少压力损失和热量损失。但由于模具自身的结构(如冷却水孔)限制或为了保证足够的距离,以防止刚度不足造成溢料飞边,分流道的长度也不能过短,如图2-5-8所示。当分流道设计得比较长时,其末端应有冷料穴,以防前锋冷料堵塞浇口或进入模腔,造成充模不足或影响塑件的熔接强度。

(3)分流道的表面粗糙度。

由于分流道中与模具接触的外层塑料迅速冷却,只有内部的熔体流动状态比较理想,因此分流道表面粗糙度不能太低,一般为$Ra1.6\,\mu$m左右,可以增加对外层塑料熔体的流动阻力,使外层塑料冷却皮层固定,形成绝热层。如图2-5-9所示。

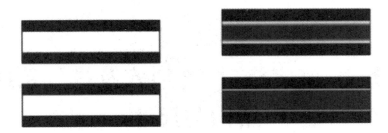

图 2-5-9　分流道绝热层的形成

（4）分流道与浇口的连接处应采用斜面或圆弧过渡，有利于熔体的流动及填充，不然会使料流产生紊流和涡流，从而使充模条件恶化。

任务评价

（1）确定图 2-3-12 塑料仪表盖分流道的排列方式、截面形状及对应尺寸，绘制在空白处。

（2）根据塑料仪表盖模具分流道的设计情况进行评价，见表 2-5-2。

表 2-5-2　塑料仪表盖模具分流道设计任务完成评价表

评价内容	评价标准	分值	学生自评	教师评价
排列方式	分析是否合理	30分		
截面形状	分析是否合理	20分		
尺寸	分析是否合理	30分		
资料查阅	是否能够利用手册、电子资源等查阅相关资料	10分		
情感评价	是否积极参与课堂活动、与同学协作完成任务情况	10分		
学习体会				

任务六 确定浇口、冷料穴及排气系统的结构与尺寸

 任务目标

(1)熟悉常用浇口类型及尺寸确定方法。

(2)根据塑件要求及模具结构,选择、设计合适的浇口类型并确定尺寸。

 任务分析

浇口设计是模具浇注系统设计的重要内容之一,主要确定浇口形式、结构尺寸、进浇位置,通过本任务的学习,了解浇口的种类及其结构、尺寸对成型过程的影响。

任务实施

由于产品外观质量不高,塑件宽度尺寸与高度比值属于平板类制件,因此选用扇形浇口,物料为PP。扇形浇口一般开设在模具的分型面上,从制品侧面边缘进料。浇口尺寸如图2-6-1所示,$t=0.8$ mm,$l=1$ mm,L取6 mm,b取10 mm。冷料穴及拉料杆结构尺寸如图2-6-2所示。

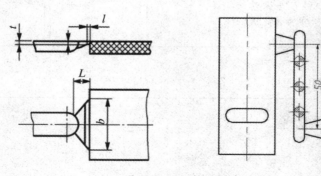

图2-6-1 浇口尺寸设计

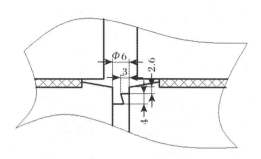

图2-6-2 冷料穴及拉料杆结构尺寸

 **相关知识**

一、浇口的结构及尺寸

浇口亦称进料口,是连接分流道与型腔的熔体通道。其基本作用是使从分流道来的熔体加速流动,以快速充满型腔。在浇注系统的设计中,确定最佳的浇口尺寸是个较难的问题。确定浇口尺寸时,应先取尺寸的下限,然后在试模中进行修正。浇口截面形状常取矩形或圆形。

1.浇口的类型

(1)直浇口(如图2-6-3所示)。

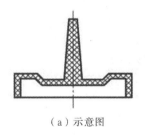

(a)示意图

(b)实物

图2-6-3 直浇口

优点:压力损失小,制作简单。

缺点:浇口附近应力较大,需人工剪除浇口(流道),表面会留下明显浇口疤痕。

应用:可用于大而深的桶形制件。浅平的制件,由于收缩及应力的原因,容易产生翘曲变形。

(2)侧浇口。

侧浇口又称为边缘浇口或普通浇口,如图2-6-4(a)所示。侧浇口一般开设在分

型面上,塑料熔体从内侧或外侧充填模具型腔,其截面形状多为矩形。广泛用于一模多腔模具中,适用于成型各种形状的塑件,当侧浇口的位置设置在制件底部,如图2-6-4(b)所示,称为搭接式浇口。

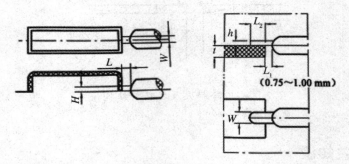

(a)侧浇口的普通形式　　　　(b)侧浇口的搭接形式

图2-6-4　侧浇口

优点:形状简单,加工方便,去除浇口较容易。

缺点:制件与浇口不能自行分离,制件易留下浇口痕迹。

参数:浇口长度L为0.7~2 mm,宽度W为2~6mm,一般$W=2H$,大制件、透明制件可酌情加大;深度H为1~3 mm,或取塑料制件壁厚的1/3~2/3。

搭接式浇口的L由搭接长度L_1和L_2组成,$L_1=0.75\sim1$ mm,$L_2=1.5\sim2$ mm。浇口高度h取1~3 mm,侧浇口的尺寸可以按照经验公式进行计算,也可以查阅经验数值直接选用,见表2-6-1。

$$H=nt \tag{2-6-1}$$

$$W=2H \text{ 或者 } W=\frac{n\sqrt{A}}{30}$$

式中:h——浇口深度;

W——浇口宽度;

t——产品壁厚;

A——产品内模表面积;

n——塑料常数,见表2-6-2。

表2-6-1　常用塑料侧浇口尺寸

塑料	壁厚t/mm	厚度h/mm	宽度b/mm	长度L/mm
聚乙烯	<1.5	0.5~0.7	中、小型塑件(3~10)h, 大型塑件>10h	0.7~2

续表

塑料	壁厚t/mm	厚度h/mm	宽度b/mm	长度L/mm
聚丙烯	1.5~3	0.6~0.9	中、小型塑件(3~10)h，大型塑件>10h	0.7~2
聚苯乙烯	>3	0.8~1.1		
有机玻璃	<1.5	0.6~0.8		
ABS	1.5~3	1.2~1.4		
聚甲醛	>3	1.2~1.5		
聚碳酸酯	<1.5	0.8~1.2		

表2-6-2 塑料常数

塑料	常数
PS,PE	0.6
POM,PC,PP	0.7
PMMA,PA	0.8
PVC	0.9

（3）扇形浇口。

宽度从分流道往型腔方向逐渐增加呈扇形的侧浇口称为扇形浇口，如图2-6-5所示。

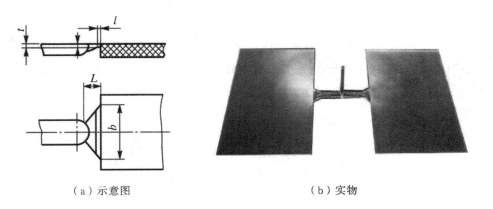

（a）示意图　　　　　　（b）实物

图2-6-5 扇形浇口

扇形浇口常用于扁平而较薄的塑件，如盖板、标卡和托盘类等。通常在与型腔接合处形成长l=1~1.3 mm、厚t=0.25~1 mm的进料口，进料口的宽度b视塑件大小而定，一般取6 mm到浇口处型腔宽度的1/4，整个扇形的长度L可取6 mm左右，塑料熔体通过它进入型腔。采用扇形浇口，熔体横向分散进入型腔，减少了流纹和定向效应。扇形浇口的凝料摘除困难，浇口残痕比较明显。

（4）平缝浇口。

平缝浇口又称薄片浇口，如图2-6-6所示。这类浇口宽度很大、厚度很小，主要用来成型面积较小、尺寸较大的扁平塑件，可减小平板塑件的翘曲变形，但浇口的去除比扇形浇口更困难，浇口在塑件上痕迹也更明显。平缝浇口的宽度b一般取塑件长度的25%～100%，厚度t=0.2～1.5 mm，长度l=1.2～1.5 mm。

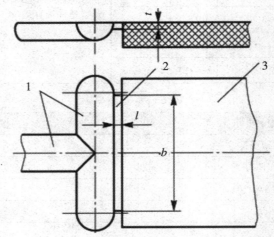

1—分流道；2—平缝扇形浇口；3—塑件

图2-6-6　平缝浇口的形式

（5）护耳浇口。

为避免在浇口附近的应力集中而影响塑件质量，在浇口和型腔之间增设护耳式的小凹槽，使凹槽进入型腔处的槽口截面充分大于浇口截面，从而改变流向、均匀进料的浇口称为护耳浇口，如图2-6-7所示。

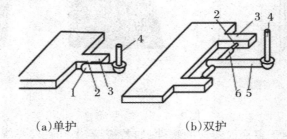

（a）单护　　　　　　　　（b）双护

1—分流道；2—浇口；3—护耳；4—主流道；5—一次主流道；6—二次分流道

图2-6-7　护耳浇口

护耳浇口是采用截面积较小的浇口加护耳的方法来改变塑料熔体流向，以避免熔体通过浇口后发生喷射流动，影响充模及成型后的制品质量。护耳长度取15～20 mm，宽度约为长度的一半,厚度可为浇口处模腔厚度的 7/8。浇口位于护耳侧面的中央,长度约为 1 mm,截面宽度为 1.6 ~ 3.2 mm,截面高度等于护耳的 80% 或完全相等。护耳纵向中心线与制品边缘的间距宜控制在 150 mm 以内,当制品尺寸过大时,可采用多个护耳,护耳间距控制在 300 mm 以内。护耳浇口常用于透明度高和要求无内应力的塑件,如 PMMA(有机玻璃)制品。大型 ABS 塑件也常采用护耳浇口。

(6)轮辐式浇口。

轮辐式浇口也可视为内侧浇口,如图 2-6-8 所示,适合圆管形或带有内孔的塑料制件。通过几小段圆弧段进料,减少了冷料量,同时易于去除浇口且节省材料。其劣势在于可能存在熔接线,且很难保证准确的圆度。但是对有型芯的制件,它可在型芯的上部定位,增加型芯的稳定性。其尺寸可参考扇形浇口的相关尺寸。

(7)环形浇口。

环形浇口可分为内环形浇口和外环形浇口两种,如图 2-6-9 所示。内环形浇口可用于大内经环形产品的单一成型;外环形浇口可用于圆筒形产品以及多型腔模具。

图 2-6-8 轮辐式浇口

(a)内环形浇口　　　　(b)外环形浇口
图 2-6-9 环形浇口

二、浇口位置选择原则

1. 避免熔体破裂在塑件上产生缺陷

对于截面和塑件壁厚相差比较大的浇口(浇口的最佳厚度是与其接触的制件壁厚的 7/10 ~ 8/10),一般不要使它正对宽度和深度比较大的型腔,否则,由于小浇口的作用,塑料体通过浇口后会产生喷射流动(也称蛇形流,图 2-6-10)或熔体破裂现象(图 2-6-11)。

这些喷射出的高度定向的细丝或断裂物很快冷却变硬,与后进入型腔的熔体不能很好熔合而使制品出现明显的熔接痕。有时熔体直接从型腔一端喷到另一端,造成折叠,使塑件形成波纹状痕迹。再者,熔体喷射还会使型腔内的气体无法排出,导致塑件形成气泡或焦痕。

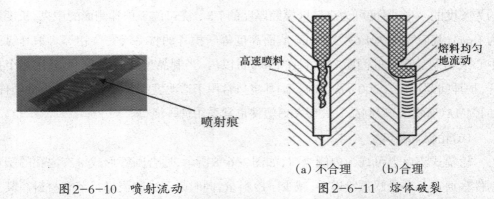

（a）不合理　　（b）合理

图 2-6-10　喷射流动　　　　　图 2-6-11　熔体破裂

克服上述缺陷的方法是，加大浇口截面尺寸或采用护耳浇口，抑或是采用冲击型浇口，即浇口位置设在正对型腔壁或粗大型芯的方位，使高速料流直接冲击型腔壁或型芯壁，从而改变流向，降低流速，平稳地充满型腔，使熔体断裂的现象消失，以保证塑件质量。冲击型浇口与非冲击型浇口的区别如图 2-6-12 所示。

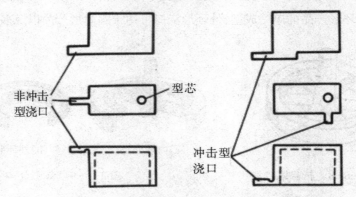

图 2-6-12　冲击型浇口与非冲击型浇口的区别

2. 有利于流动、排气和补缩

当塑件壁厚相差较大时，为了保证熔体的充模流动性，应将浇口开设在塑件截面最厚处；反之，若将浇口开设在截面最薄处，则熔体进入型腔后，不仅流动阻力大，而且还很容易冷却或出现排气不良现象，因此也就难于充满整个型腔。

为有利于排气，浇口位置通常应尽量远离排气结构，否则，流入型腔的熔体就会过早地封闭排气结构，致使型腔内的气体无法排出，导致塑件形成气泡、缺料、熔接不牢或局部碳化烧焦等成型缺陷。

塑件截面最厚的部位经常是塑料最后固化的地方，该处极容易因为体积收缩而形成表面凹陷或真空泡，故非常需要补缩，所以浇口应开设在塑件截面厚度最大处。

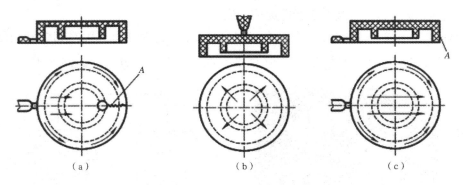

图 2-6-13　浇口位置对排气的影响

如图 2-6-13(a)所示的盒形制件,由于制件圆周壁上有螺纹或者圆周壁厚较顶部的壁厚大,因此从侧浇口进料的塑料,将很快充满圆周,而在顶部形成封闭的气囊,在该处留下孔洞、熔接痕或烧焦的痕迹。图中 A 处为气囊和熔接痕的位置。从排气的角度出发,最好改成从制件顶部中心进料,如图 2-6-13(b)所示。如果不允许中心进料,在采用侧浇口时可增加顶部的壁厚,如图 2-6-13(c)所示,使此处最先充满,最后充填浇口对边的分型面处。如果结构要求制品圆周壁必须厚于顶部,也可在制件顶部设置顶出杆,利用配合间隙排气。

3. 浇口位置的选择要避免塑件的变形

注射成型时在充模、补料和倒流各阶段都会造成大分子沿流动方向变形取向,当塑料熔体冻结时分子的形变也被冻结在制品之中,其中弹性形变部分形成制品内应力,分子取向还会造成各向收缩率的不一致性,以致引起制品内应力和翘曲变形。一般来说,沿取向方向的收缩率大于非取向方向的收缩率,沿分子取向方向的强度大于垂直取向方向的强度。

如图 2-6-14(a)所示平板形塑件,只用一个中心浇口,塑件会因内应力集中而翘曲变形,而图 2-6-14(b)采用多个点浇口,就可以克服翘曲变形的缺陷。

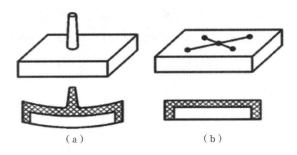

图 2-6-14　浇口要避免塑件的变形

4.浇口位置要尽量减少或者避免熔接痕

熔接痕是塑料熔体在型腔中汇合时产生的接缝,其强度直接关系到塑件的使用性能,浇口的位置和数量对熔接痕的产生都有很大的影响。如图2-6-15所示。

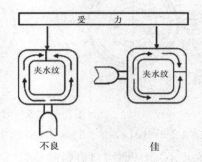

图2-6-15　塑件表面的熔接线及位置对塑件的影响

单就数量来讲,如果熔体的充模流程不太长或塑件翘曲的可能性不大时,最好不要采用多浇口形式,否则会使熔接痕数量增多。此外,还应重视熔接痕的位置,为了增加熔接痕牢固程度,可以在熔接痕处的外侧开设冷料穴,使前锋冷料溢出,如图2-6-16所示。

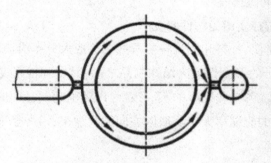

图2-6-16　熔接痕位置对塑件的影响

如图2-6-17所示塑件,如果采用图(a)的形式,浇口数量多,产生熔接痕的机会就多。流程不长时应尽量采用一个浇口,图2-6-17(b)所示可以减少熔接痕的数量。对大多数框形塑件,如图2-6-18所示,图(a)的浇口位置使料流的流程过长,熔接处料温过低,熔接痕处强度低,会形成明显的接缝;图(b)所示浇口位置使料流的流程短,熔接痕处强度高。

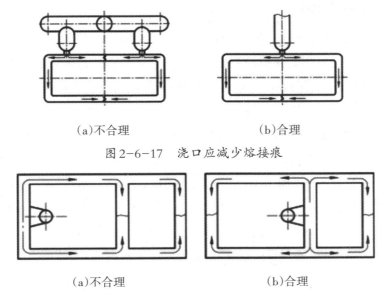

（a）不合理　　　　　　　　（b）合理

图 2-6-17　浇口应减少熔接痕

（a）不合理　　　　　　　　（b）合理

图 2-6-18　浇口应使料流流程短

5. 避免料流挤压型芯或嵌件变形

对于具有细长型芯的筒形塑件,应避免偏心进料,以防止型芯弯曲。图 2-6-19(a)
是单侧进料,料流单边冲击型芯,使型芯偏斜导致塑件壁厚不均;图 2-6-19(b)为两侧
对称进料,可防止型芯弯曲,但与图(a)一样,排气不良;采用图 2-6-19(c)所示的中心
进料,效果好。

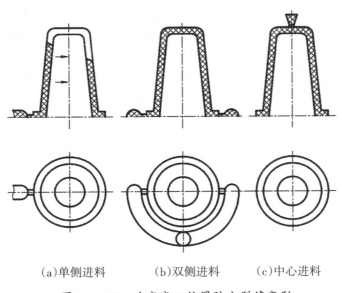

（a）单侧进料　　　　（b）双侧进料　　　　（c）中心进料

图 2-6-19　改变浇口位置防止型芯变形

三、冷料穴与拉料杆设计

冷料穴位于主流道出口一端。对于立式、卧式注射机用模具,冷料穴位于主分型面的动模一侧;对于直角式注射机用模具,冷料穴是主流道的自然延伸。因为立式、卧式注射机用模具的主流道在定模一侧,模具打开时,为了将主流道凝料能够拉向动模一侧,并在顶出行程中将它脱出模外,动模一侧应设有拉料杆。应根据推出机构的不同,正确选取冷料穴与拉料杆的匹配方式。冷料穴与拉料杆的匹配方式有如下几种。

1. 冷料穴与"Z"形拉料杆匹配

冷料穴底部装一个头部为"Z"形的圆杆,动模、定模打开时,借助头部的"Z"形钩将主流道凝料拉向动模一侧,顶出行程中又可将凝料顶出模外。"Z"形拉料杆安装在顶出元件(顶杆或顶管)的固定板上,与顶出元件的运动是同步的,如图2-6-20(a)所示。由于顶出后从"Z"形钩上取下冷料穴凝料时需要横向移动,故顶出后无法横向移动的塑件不能采用"Z"形拉料杆,如图2-6-21所示。

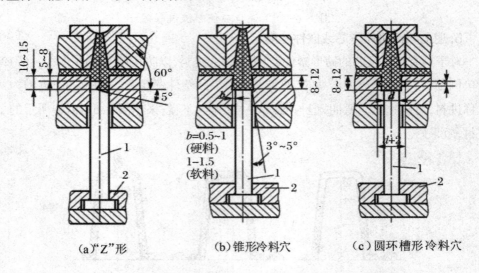

(a)"Z"形   (b)锥形冷料穴   (c)圆环槽形冷料穴

图2-6-20　适用于顶杆、顶管脱模机构的拉料形式

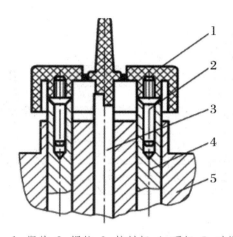

1-塑件；2-螺纹；3-拉料杆；4-顶杆；5-动模

图2-6-21 不宜采用"Z"形拉料杆的塑件

"Z"形拉料杆除了不适用于采用脱件板推出机构的模具外，是最经常采用的一种拉料形式，适用于所有热塑性塑料，也适于热固性塑料注射。

2. 锥形或圆环槽形冷料穴与推料杆匹配

图2-6-20(b)、(c)所示分别表示锥形冷料穴和圆环槽形冷料穴与推料杆的匹配。将冷料穴设计为带有锥度或带一环形槽，动模、定模打开时冷料本身可将主流道凝料拉向动模一侧，冷料穴之下的圆杆在顶出行程中将凝料推出模外。这两种匹配形式也适用于除推件板推出机构以外的模具。

3. 冷料穴与带球形头部的拉料杆匹配

当模具采用脱件板推出机构时，不能采用上述几种拉下主流道凝料的形式，应采用端头为球形的拉料杆。球形拉料杆的球头和细颈部分伸到冷料穴内，被冷料穴中的凝料包围，如图2-6-22(a)所示。动模、定模打开时将主流道凝料拉向动模一侧，顶出行程中，推件板将塑件从主型芯上脱下的同时也将主流道凝料从球头上脱下，如图2-6-22(b)所示。这里应该注意，球形拉料杆应安装在型芯固定板上，而不是顶杆固定板上。与球形拉料杆作用相同的还有菌形拉料杆和尖锥形拉料杆，分别如图2-6-22(c)、(d)所示。

尖锥形拉料杆只是当塑件带有中心孔时才采用。为增加拉下主流道凝料的可靠性，锥尖部分取较小锥度，并将表面加工得粗糙一些。

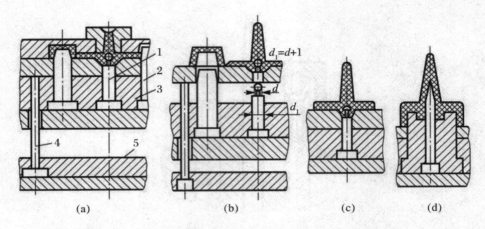

1-拉料杆；2-型芯；3-型芯固定板；4-顶杆；5-顶杆固定板

图 2-6-22　适用于推件板推出机构的拉料杆

四、模具排气

在注射模具中，注射机将塑料熔体注射入模具型腔，实际上是将型腔内的气体交换出来，模具内的气体不仅包括型腔内的空气，还包括流道里的空气，塑料熔体产生的分离气体。在注射时，这些气体都应顺利地排出。

但是在实际生产中，由于塑料制件壁厚的变化，导致气体残留；也可能由于熔体流动的末端在型腔内部；甚至是注射速度过快，模具型腔内的空气来不及排除；都会导致出现困气现象，造成熔接不牢、表面轮廓不清、充填不满、气孔和组织疏松等缺陷。

1. 塑料制件排气位置的判断

一般通过分析塑料熔体在模具型腔内的流动过程及方向来判断，如图2-6-23所示。

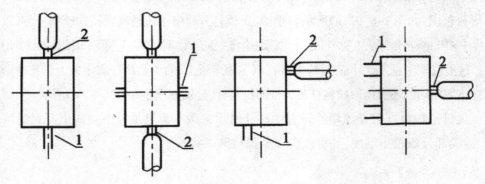

1-浇口；2-排气槽

图 2-6-23　浇口位置与排气的关系

2. 常见的排气方式

（1）排气槽。

排气槽是最常见的排气方式，为了便于加工修复，一般开设在定模部分分型面上熔体流动的末端，如图2-6-24所示。

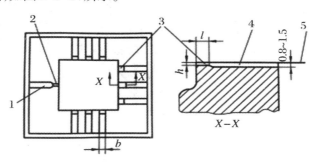

1-分流道；2-浇口；3-排气槽；4-导向沟；5-分型面

图2-6-24 排气槽的设置示意图

对于成型大中型塑件的模具，需排出的气体量多，通常应开设排气槽。排气槽通常开设在分型面凹模一边。排气槽的位置以处于熔体流动末端为好。排气槽宽度$b=3\sim5\ mm$，深度h小于$0.05\ mm$，长度$l=0.7\sim1.0\ mm$。常用塑料排气槽的深度见表2-6-3。

表2-6-3 各种塑料的排气槽深度　　　　　　　　单位/mm

塑料名称	排气槽深度	塑料名称	排气槽深度
PE	0.02	PA（含玻璃纤维）	0.03～0.04
PP	0.02	PA	0.02
PS	0.02	PC（含玻璃纤维）	0.05～0.07
ABS	0.03	PC	0.04
SAN	0.03	PBT（含玻璃纤维）	0.03～0.04
ASA	0.03	PBT	0.02
POM	0.02	PMMA	0.04

（2）利用间隙排气。

模具是由多个零部件组装在一起的，因此，各零部件之间的间隙可用来进行排气，常见的间隙排气主要有以下几种。

①利用分型面排气。对于小型模具可利用分型面排气，但分型面应位于塑料熔体流动的末端，如图2-6-25所示。

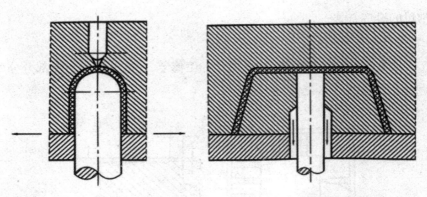

图 2-6-25　利用分型面排气　　　图 2-6-26　利用推杆间隙排气

（3）利用推杆间隙排气。

塑料制件中间位置的困气，可通过加设推杆，利用推杆和型芯之间的配合间隙，或有意增加推杆之间的间隙来排气，如图 2-6-26 所示。

（4）利用镶拼间隙排气。

对于某些产品，如图 2-6-27(a)所示，由于浇口位置以及产品形状的限制，在所示位置容易出现困气现象，从而产生一系列缺陷，并且该位置形状并不利于开设排气槽或者设置推杆，因此，还可以采用镶拼式的型腔结构，如图 2-6-27(b)所示。

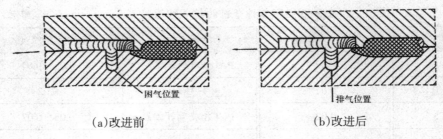

（a）改进前　　　　　　　　　　（b）改进后

图 2-6-27　镶拼间隙的排气原理

常见的镶拼间隙排气方式如图 2-6-28 所示，不同的塑料制件结构采用不同的镶拼方式，利用其间隙排气。

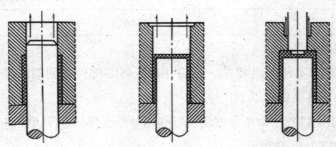

图 2-6-28　利用镶拼间隙排气的几种形式

（5）利用排气塞排气。

排气塞又称透气钢，是一种烧结合金，它是用球状颗粒合金烧结而成的材料，强度较差，但质地疏松，允许气体通过。在需排气的部位放置一块这样的合金即能达到排气的目的。但底部通气孔直径 D 不宜太大，以防止型腔压力将其挤压变形，如图2-6-29所示。由于透气钢的热传导率低，不能使其过热，否则，易产生分解物堵塞气孔的现象。

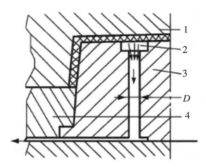

1-定模；2-排气塞；3-型芯；4-动模

图2-6-29 利用排气塞排气

任务评价

（1）通过查阅资料自选一个排气不良的例子，分析其原因，提出改进措施，填入空白处。

（2）根据图2-3-12塑料仪表盖要求确定模具中浇口、冷料穴与拉料杆、排气系统的结构及尺寸，在表2-6-4中画出。

表2-6-4 浇口、冷料穴与拉料杆、排气系统结构尺寸

浇口结构尺寸	冷料穴与拉料杆结构尺寸	排气系统设计

（3）根据图2-3-12塑料仪表盖浇口结构及尺寸、冷料穴与拉料杆结构及尺寸、排气系统的设计情况进行评价，见表2-6-5。

塑料模具结构

表2-6-5　浇口、冷料穴等设计情况评价表

评价内容	评价标准	分值	学生自评	教师评价
浇口类型	设计依据是否合理	15分		
浇口尺寸	设计依据是否合理	20分		
冷料穴与拉料杆类型	设计依据是否合理	15分		
冷料穴与拉料杆尺寸	设计依据是否合理	20分		
排气不良原因分析	分析是否合理	10分		
资料查阅	是否能够利用手册、电子资源等查阅相关资料	10分		
情感评价	是否积极参与课堂活动、与同学协作完成任务情况	10分		
学习体会				

任务七 成型零部件的计算与设计

任务目标

（1）能绘制简单制品的模具型芯与型腔结构图。

（2）能根据塑件计算型腔、型芯的工作尺寸。

任务分析

设计注射模的成型零件时，应根据成型塑件的塑料性能、使用要求、几何结构，并结合分型面、浇口位置和排气位置的选择等来确定型腔的总体结构。本任务是根据前面的总体设计方案，确定本项目塑料平板件的成型零部件结构及尺寸。

任务实施

1.成型零部件结构设计

型腔、型芯的结构如图2-7-1所示。

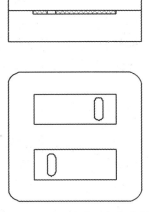

图2-7-1 型腔、型芯结构

2.成型零部件工作尺寸计算

查有关手册得PP的收缩率为1.5%~3.5%,故平均收缩率为:$S_{cp}=(1.5+3.5)\% / 2=2.5\%=0.025$,根据塑件尺寸公差要求,模具的制造公差取$\delta_z=\Delta / 3$,则型腔的径向尺寸(以尺寸80 mm为例进行计算)为

$$(L_m)^{+\delta_z}_0 = \left[(1+S_{cp}) L_s - \frac{3}{4}\Delta \right]^{+\delta_z}_0 = [(1+0.025)\times 80 - 0.75\times 0.8]^{+0.27}_0 = 81.4^{+0.27}_0$$

用同样的方法,可计算出成型零件的全部工作尺寸,如表2-7-1所示。

表2-7-1 成型零件工作尺寸计算

尺寸类别	塑件尺寸	计算公式	计算结果
型腔尺寸	$80^{0}_{-0.8}$	$(L_m)^{+\delta_z}_0 = \left[(1+S_{cp}) L_s - \frac{3}{4}\Delta \right]^{+\delta_z}_0$	$81.4^{+0.27}_0$
	$32^{0}_{-0.3}$	$(L_m)^{+\delta_z}_0 = \left[(1+S_{cp}) L_s - \frac{3}{4}\Delta \right]^{+\delta_z}_0$	$32.575^{+0.1}_0$
	$30^{0}_{-0.24}$	$(H_m)^{+\delta_z}_0 = \left[(1+S_{cp}) H_s - \frac{2}{3}\Delta \right]^{+\delta_z}_0$	$2.915^{+0.08}_0$
型芯尺寸	$24^{+0.3}_0$	$(h_m)^{0}_{-\delta_z} = \left[(1+S_{cp}) h_s - \frac{3}{4}\Delta \right]^{0}_{-\delta_z}$	$24.825^{0}_{-0.1}$
	$4^{+0.2}_0$	$(h_m)^{0}_{-\delta_z} = \left[(1+S_{cp}) h_s - \frac{3}{4}\Delta \right]^{0}_{-\delta_z}$	$4.250^{0}_{-0.067}$
距离尺寸	25 ± 0.25	$C_m = (1+S_{cp}) C_s \pm \frac{\delta_z}{2}$	25.625 ± 0.125

相关知识

一、成型零部件的结构

将构成塑料模具模腔的零件统称为成型零部件,成型零部件的几何形状和尺寸决定了制品的几何形状和尺寸,通常包括有凹模、凸模、型芯、镶块、各种成型杆、各种成型环。

1.凹模的结构设计

凹模亦称型腔或凹模型腔,用来成型塑件外形轮廓。凹模按其结构不同可分为整体式和组合式两类。

（1）整体式凹模。

整体式凹模用整块模具材料直接加工而成,典型结构如图2-7-2所示。

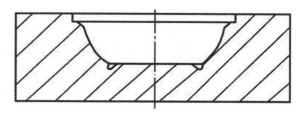

图 2-7-2　整体式凹模

　　这类模具的优点是结构牢固,成型的制品表面无接缝痕迹。因此,对于简单形状的凹模,容易制造。即使凹模形状比较复杂,由于现在的模具加工大量使用加工中心、数控机床、电加工等设备,因此也可以进行复杂曲面、高精度的加工。随着凹模加工技术的发展和进步,许多过去必须组合加工的较复杂的凹模现在也可以设计成整体式结构,特别是大型的复杂形状的凹模模具,大量采用了整体式结构,如图2-7-3所示。

图 2-7-3　大型复杂形状模具

(2)组合式凹模。

组合式凹模由两个或两个以上的零部件组合而成。常见的组合方式有以下几种。

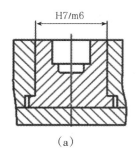
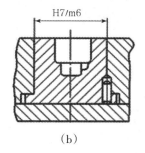
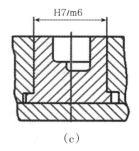

　　　　(a)　　　　　　　　　(b)　　　　　　　　　(c)

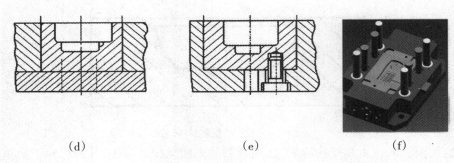

（d）　　　　　　　　（e）　　　　　　　　（f）

图 2-7-4　嵌入式组合凹模

①嵌入式组合凹模。又称整体嵌入式凹模，是最常用的一种凹模形式，这种结构加工效率高，装拆方便，可以保证各个凹模形状尺寸一致。基本形式与固定方式如图2-7-4所示。

图（a）是将凹模加工成带台阶的镶块，嵌入凹模板中。如果凹模内腔为非对称结构，而外表面为回转体，应考虑凹模与模板间的止转定位。如图（b）所示，销钉孔可加工在连接缝上（骑缝销钉），也可加工在凸肩上，当凹模镶件的硬度与固定板硬度不同时，以后者为宜。当凹模镶件经淬火后硬度很高不便加工销孔或骑缝钉孔时，最好利用磨削出的平面采用平键定位，如图（c）所示。也可将凹模直接嵌入模板中，用螺钉固定，如图（d）、（e）所示。

②镶拼组合式凹模。为了机械加工、研磨、抛光、热处理的方便，整个凹模也常采用大面积组合的方法，最常见的是把凹模做成穿通的，再镶嵌上底，如图2-7-5所示。

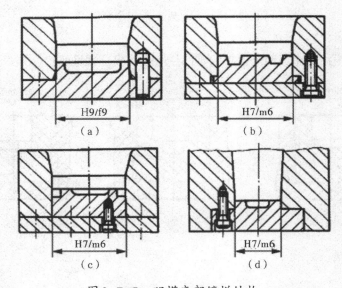

（a）　　　　　　　　　　　　　（b）

（c）　　　　　　　　　　　　　（d）

图 2-7-5　凹模底部镶拼结构

对于大型和形状复杂的凹模,为了便于加工,有利于淬透、减少热处理变形和节省模具钢,可以把凹模的侧壁和底分别加工、研磨后压入模套中,即凹模侧壁的镶拼结构,如图2-7-6所示。侧壁相互之间采用扣销连接以保证装配的准确性,减少塑料挤入接缝。在中小型注射模中,侧壁拼块之间可直接用螺钉和销钉固定而不用模套紧固。

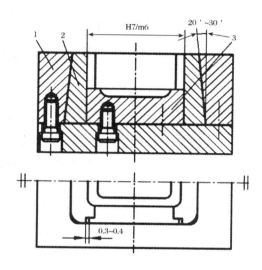

1—模套;2—拼块;3—模底

图2-7-6　凹模侧壁镶拼结构

③局部镶拼式凹模。为了加工方便或由于型腔的某一部分容易损坏,需要经常更换,应采用局部镶拼的办法。

如图2-7-7(a)所示异形凹模,整体机械加工很困难,可先钻铰型腔大孔周围的小孔,再将小孔内镶入芯棒,车削加工出型腔大孔,加工完毕后把这些被切掉部分的芯棒取出,调换6个完整的芯棒镶入小孔便可获得预定的型腔形状。

图2-7-7(b)所示凹模内有局部凸起,可将此凸起部分单独加工,再把加工好的镶块利用圆形槽(也可用"T"形槽、燕尾槽等)镶在圆形凹槽内。

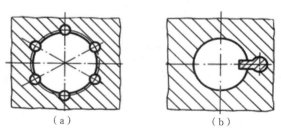

（a）　　　　　　　　（b）

图2-7-7　局部镶拼式凹模

从以上的图例可以看出当凹模的底部形状比较复杂或面积很大时，可将其底部与四周分割出来单独加工，由此能使内形加工变为外形加工，从而使机械加工、研磨、抛光、热处理更加方便。组装后也没有明显的接缝痕迹，修理和更换变得容易。

二、凸模和型芯的结构设计

凸模和型芯都是用来成型塑件内形的零部件，两者无严格区别。

一般认为，凸模是成型塑件整体内形的模具零部件，所以有时也称之为主型芯，而型芯则是成型塑件上某些局部特殊内形或局部孔、槽等所用的模具零部件，所以有时也把型芯称为成型杆或小型芯。

1. 型芯的结构设计

型芯也有整体式和组合式之分，形状简单的主型芯和模板可以做成整体式，如图2-7-8(a)所示。形状比较复杂或形状虽不复杂，但从节省贵重模具钢、减少加工工作量考虑多采用组合式型芯。固定板和型芯可分别采用不同的材料制造和热处理，然后再连成一体。

图2-7-8(b)为最常用的连接形式，即用轴肩和底板连接。当轴肩为圆形而成型部分为非回旋体时，为了防止型芯在固定板内转动，也和整体嵌入式凹模一样在轴肩处用销钉或键止转；此外还有用螺钉和销钉连接的，如图2-7-8(c)所示。

螺钉连接虽然比较简单，但不及轴肩连接牢固可靠，为了防止侧向位移应采取销钉定位，由于后加工销孔的原因，这种结构不适于淬火的型芯，最好将淬火型芯局部嵌入模块来定位，如图2-7-8(d)所示。或将型芯下部加工出断面较小或较大的规则阶梯，再镶入模板，如图2-7-8(e)、(f)所示。有时需在模板上加工出凹槽，用它来成型制品的凸边，如图2-7-8(g)所示。对于复杂形状的型芯，常采用镶拼组合式结构，如图2-7-9所示。

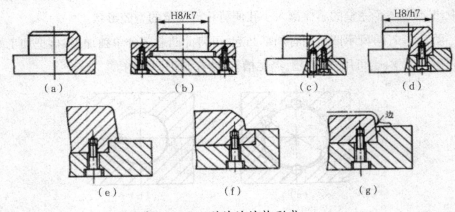

图2-7-8 型芯的结构形式

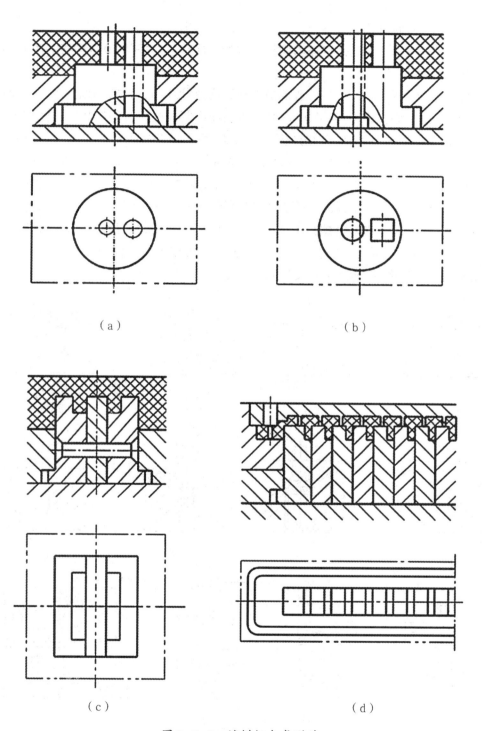

（a）　　　　　　　　　　　　（b）

（c）　　　　　　　　　　　　（d）

图 2-7-9　镶拼组合式型芯

2.小型芯(成型杆)

小型芯一般单独制造,再嵌入模板或大型芯之中。图2-7-10所示的结构为小型芯常用的几种固定方法。

对于成型孔和槽的小型芯,通常是单独制造,然后以嵌入方法固定。具体结构如2-7-10所示。其中图(a)为铆接式,它可以防止在制品脱模时型芯被拔出,但熔体容易从S处渗入型芯底面,为防止产生这种现象,可将型芯嵌入固定板内一定距离;图(b)是压入式结构,是一种最简单的固定方式,但型芯松动后可能会被拔出。图(c)是常用的固定方式,型芯与固定板间留有0.5 mm的双边间隙,这是为了加工和装配方便,型芯下段加粗是为了提高小而长的型芯的强度;图(d)为带推板的型芯固定方法;图(e)、(f)是带顶销或紧定螺钉的固定方法;对于尺寸较大的型芯可以采用图(g)、(h)、(i)、(j)所示的固定方法;当局部有小型芯时,可用图(k)、(l)所示的固定方法,在小型芯下嵌入垫板,以缩短型芯及其配合长度。

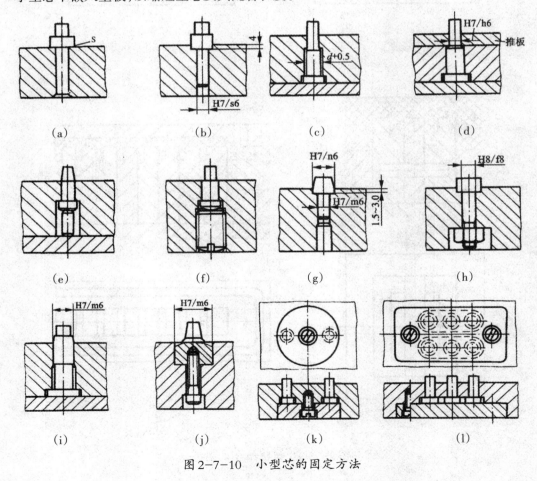

图2-7-10　小型芯的固定方法

对于多个互相靠近的小型芯,用台肩固定时,如果台肩发生重叠干涉,可将台肩相碰的部分切去磨平,将型芯固定板的台阶孔加工成大圆台阶孔或铣成长槽,然后再将型芯镶入,如图2-7-11(a)、(b)所示。

对于异形型芯或异型成型镶块,可以只将成型部分按塑件形状加工,而将安装部分做成圆柱形或其他容易安装定位的形状,如图2-7-12所示。

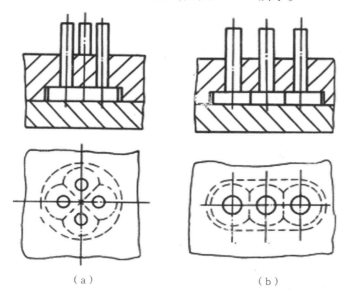

（a）   （b）

图2-7-11 多个互相靠近型芯的固定

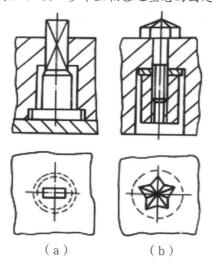

（a）   （b）

图2-7-12 异形型芯的固定

二、成型零件工作尺寸的计算

所谓成型零件的工作尺寸是指成型零件上直接用以成型塑件部分的尺寸,主要有型腔和型芯的径向尺寸(包括矩形和异形零件的长和宽),型腔和型芯的深度尺寸、中心距等。

1. 影响塑件尺寸误差的因素

(1)模具成型零件的制造误差。

(2)成型零件的磨损。

(3)塑件的收缩率波动。塑件成型后的收缩变化与塑料的品种、塑件的形状、尺寸、壁厚、成型工艺条件、模具的结构等因素有关,所以确定准确的收缩率是很困难的。

$$\delta_s = \left(S_{max} - S_{min} \right) L_s \qquad (2-7-1)$$

式中:δ_s——塑料收缩率波动误差;

S_{max}——塑料的最大收缩率;

S_{min}——塑料的最小收缩率;

L_s——塑件的基本尺寸。

实际收缩率与计算收缩率会有差异,按照一般的要求,塑料收缩率波动所引起的误差应小于塑件公差的1/3。

(4)模具安装配合误差。模具成型零件装配误差以及在成型过程中成型零件配合间隙的变化,都会引起塑件尺寸的变化。例如,上模和下模或动模与定模位置的不准确,会影响塑件壁厚等尺寸误差。

综上所述,塑件在成型过程中可能产生的最大误差为上述各种误差的总和。即

$$\delta = \delta_z + \delta_c + \delta_s + \delta_j \qquad (2-7-2)$$

式中:δ——塑料尺寸误差;

δ_z——成型零件制造公差;

δ_c——成型零件的磨损公差;

δ_s——塑料收缩率波动误差;

δ_j——模具安装配合误差。

由此可见,塑件尺寸误差为累积误差。在一般情况下,以上影响塑件公差的因素中,模具制造误差、成型零件磨损和收缩率的波动是主要的。而且并不是塑件所有尺寸都受上述各因素的影响。例如,用整体式凹模成型塑件时,其外径只受 δ_z、δ_c、δ_s 的

影响,而高度尺寸则受 δ_z、δ_s 的影响。

2.型腔和型芯尺寸的计算

一般而言,塑件的几何尺寸分为外形尺寸、内形尺寸、中心距尺寸等三大类型。与它们相对应的成型零件尺寸分别为型腔尺寸、型芯尺寸、型芯或成型孔之间的中心距尺寸。其中型腔尺寸可分为径向尺寸和深度尺寸,型芯尺寸可分为径向尺寸和高度尺寸。

型腔类尺寸属于包容尺寸,型腔的内径尺寸和深度尺寸在注射过程中由于脱模摩擦和化学腐蚀作用,有磨损增大的趋势;型芯类尺寸属于被包容尺寸,同样由于摩擦和化学腐蚀的作用,有磨损变小的趋势;中心距尺寸一般指成型零件上孔间距、型芯间距、凹槽间距等,这类尺寸不会因为磨损发生变化,可视为不变的尺寸。

偏差的分布可归纳如下:

(1)制品上的外形尺寸标注成单向负偏差,基本尺寸为最大值;与制品外形相应的型腔类尺寸采用单向正偏差,基本尺寸为最小值。

(2)制品上的内形尺寸标注成单向正偏差,基本尺寸为最小值;与制品内形相应的型芯类尺寸采用单向负偏差,基本尺寸为最小值。

(3)制品和成型零件上的中心距尺寸均采用双向等值正负偏差,其基本尺寸均为平均值。

计算模具成型零件最基本的工作尺寸的公式:

$$L_m = L_s(1 + S) \tag{2-7-3}$$

式中: L_m ——模具成型零件在常温下的实际尺寸;

L_s ——塑件在常温下的实际尺寸;

S ——塑件的计算收缩率。

以上是仅考虑塑料收缩率时计算模具成型零件工作尺寸的公式,若考虑其他因素(如成型零部件制造公差模具的磨损量等)时,则模具成型工作尺寸的计算公式就会有不同形式。

塑料的平均收缩率为:

$$S_{cp} = \frac{S_{max} + S_{min}}{2} \times 100\% \tag{2-7-4}$$

在计算成型零件工作尺寸时,塑件和成型零件工作尺寸均按单向极限制:凡孔都按基孔制;凡轴都按基轴制;如果塑件上的公差是双向分布的,则应按这个要求加以换算。而孔心距尺寸则按公差带对称分布的原则进行计算。

图2-7-13为模具成型零件工作尺寸与塑件尺寸的关系。

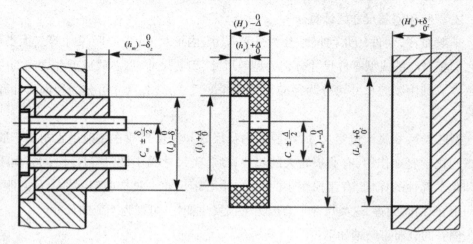

图2-7-13 模具成型零件工作尺寸与塑件尺寸的关系

分清了各部分尺寸的分类后,即可在趋于增大的尺寸上减小一个$\frac{1}{2}\Delta$,而在趋于缩小的尺寸上加上一个$\frac{1}{2}\Delta$,其中Δ为塑件公差。但是由于成型零件在塑件脱模过程中与塑件的移动摩擦而产生磨损,为了弥补成型零件的磨损而给定一个磨损余量,一般取塑件公差的$(\frac{1}{6} \sim \frac{1}{4})\Delta$。又因为成型零件部位的不同,而受磨损的程度也不同,所以成型零件的径向尺寸,受磨损较大取最大值,即$\frac{1}{4}\Delta$;而成型零件的高度尺寸相对磨损较小取最小值,即$\frac{1}{6}\Delta$。因此,成型零件径向尺寸的公差等于$(\frac{1}{2}+\frac{1}{4})\Delta$,即$\frac{3}{4}\Delta$;成型零件高度尺寸的公差等于$(\frac{1}{2}+\frac{1}{6})\Delta$,即$\frac{2}{3}\Delta$。

(1)型腔和型芯的径向尺寸。

①型腔径向尺寸的计算公式:

$$(L_m)_0^{+\delta_z} = \left[(1+S_{cp})L_s - \frac{3}{4}\Delta\right]_0^{+\delta_z} \qquad (2-7-5)$$

式中:L_m——型腔径向尺寸,单位为mm;

S_{cp}——塑料的平均收缩率,$S_{cp} = \dfrac{S_{max}+S_{min}}{2}$;

L_s——塑件的外形尺寸,单位为mm;

Δ——塑件尺寸公差,单位为mm;

δ_z——模具制造公差,可取塑件尺寸公差的1/6～1/3,即$\delta_z = (\frac{1}{6} \sim \frac{1}{3})\Delta$。

其中,"Δ"前的系数($\frac{3}{4}$)可随塑件尺寸的精度和尺寸变化而不同,一般为0.5～0.8,塑件偏差大则取小值;塑件偏差小则取大值。

②型芯径向尺寸的计算公式:

$$(l_m)^{\ 0}_{-\delta_z} = \left[(1 + S_{cp})\, l_s + \frac{3}{4}\Delta\right]^{\ 0}_{-\delta_z} \tag{2-7-6}$$

式中:l_m——型芯径向尺寸,单位为mm;

l_s——塑件的内形尺寸,单位为mm。

(2)型腔深度与型芯高度。

①型腔深度尺寸的计算。

由于制品脱模时与成型零部件之间的刮磨是引起工作尺寸磨损的主要原因,而型腔的底部与型芯的断面都与分型面平齐,因此在计算这两种工作尺寸时可以不考虑磨损量δ_c所引起的尺寸偏差。

因此型腔深度尺寸的计算公式为:

$$(H_m)^{+\delta_z}_{\ 0} = \left[(1 + S_{cp})\, H_s - \frac{2}{3}\Delta\right]^{+\delta_z}_{\ 0} \tag{2-7-7}$$

式中:H_m——型腔深度尺寸,单位为mm;

H_s——塑件的高度尺寸,单位为mm;其余同上。

②型芯高度尺寸的计算。

型芯高度尺寸的计算公式为:

$$(h_m)^{\ 0}_{-\delta_z} = \left[(1 + S_{cp})\, h_s + \frac{2}{3}\Delta\right]^{\ 0}_{-\delta_z} \tag{2-7-8}$$

式中:h_m——型腔深度尺寸,单位为mm;

h_s——塑件的高度尺寸,单位为mm;其余同上。

③中心距尺寸的计算。

由于塑件制品中心距和模具成型零件的中心距公差带都是对称分布的,同时磨损的结果不会使中心距发生变化,因此,塑件上中心距的基本尺寸C_s和模具上相应中心距的基本尺寸C_m就是塑件中心距和模具中心距的平均尺寸。于是:

$$C_m = C_s(1 + S_{cp}) \tag{2-7-9}$$

标注制造公差后得:

$$C_m = C_s(1 + S_{cp}) \pm \frac{\delta_z}{2} \tag{2-7-10}$$

式中：C_m——型腔中心距尺寸 mm；

$\quad\quad C_s$——塑件中心距尺寸 mm；其余同上。

④模具中的位置尺寸计算。

图 2-7-14 表示安装在凹模中的型芯(或孔)中心到凹模侧壁的距离和安装在型芯中的小型芯(或孔)中心到型芯侧面的距离与塑料制品中相应尺寸的关系。

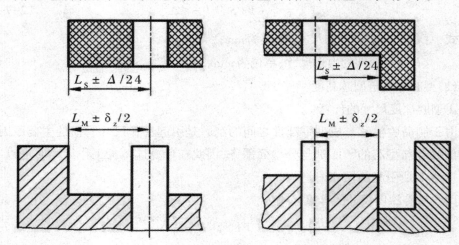

图 2-7-14　型芯中心到成型面的距离

a.凹模内的型芯(或孔)中心到凹模侧壁距离的计算。

由图 2-7-14 可知：塑料制品上的孔到边的距离的平均尺寸为 L_s；模具中型芯中心到凹模侧壁距离的平均尺寸为 L_M。型芯在使用过程的磨损并不影响 L_M，其单边最大磨损量为 $\delta_z/2$。以及模具制造公差为 δ_z 和成型收缩率为 S_{cp}，其计算公式如下：

$$L_M \pm \delta_z/2 = (L_S + L_S S_{cp} - \Delta/24) \pm \delta_z/2 \qquad (2\text{-}7\text{-}11)$$

b.型芯中的小型芯(或孔)的中心到型芯侧面距离的计算。

型芯的磨损将使距离变小，其单边最大磨损量为 $\delta_z/2$，而小型芯的磨损则不改变这个距离。按平均值计算法得下式：

$$L_M \pm \delta_z/2 = (L_S + L_S S_{cp} + \Delta/24) \pm \delta_z/2 \qquad (2\text{-}7\text{-}12)$$

二、螺纹型环和螺纹型芯工作尺寸的计算

由于螺纹连接的种类很多，配合性质也不相同，影响其螺纹连接的因素也比较复杂，因此要满足塑料螺纹配合的准确要求比较困难，目前尚无塑料螺纹的统一标准，也没有成熟的计算方法。

螺纹型环的工作尺寸属于型腔类尺寸,而螺纹型芯的工作尺寸属于型芯类尺寸。为了使螺纹塑件与标准金属螺纹较好地配合,提高成型后塑件螺纹的旋入性能,成型塑件的螺纹型芯或型环的径向尺寸都应考虑收缩率的影响,且有意缩小螺纹型环的径向尺寸和增大螺纹型芯的径向尺寸。

下面介绍螺纹型环和型芯工作尺寸的计算。

1. 螺纹型环的工作尺寸,如图2-7-15(a)

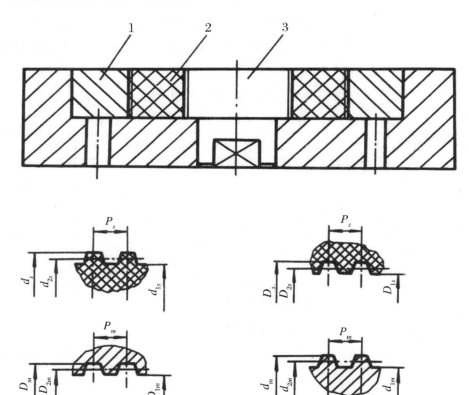

（a）　　　　　　　　　　（b）

1-螺纹型环;2-塑件;3-螺纹型芯

图2-7-15　螺纹型环和螺纹型芯的参数

中径：
$$D_{2m} = \left(d_{2s} + d_{2s}S_{cp} - b \right)_{0}^{+\delta_z} \tag{2-7-13}$$

大径：
$$D_{m} = \left(d_{s} + d_{s}S_{cp} - b \right)_{0}^{+\delta_z} \tag{2-7-14}$$

小径：
$$D_{1m} = \left(d_{1s} + d_{1s}S_{cp} - b \right)_{0}^{+\delta_z} \tag{2-7-15}$$

上面各式中：D_{2m}——螺纹型环中径基本尺寸；

D_m——螺纹型环大径基本尺寸；

D_{1m}——螺纹型环小径基本尺寸；

d_{2s}——塑件外螺纹中径基本尺寸；

d_s——塑件外螺纹大径基本尺寸；

d_{1s}——塑件外螺纹小径基本尺寸；

b——塑件螺纹中径公差，由于目前我国尚无专门的塑件螺纹公差标准，故可参照金属螺纹公差标准中精度最低者选用，其值可查表GB/T197-2003；

δ_z——螺纹型环中径制造公差，其值可取$b/5$或查表2-7-1。

表2-7-1　螺纹型环和螺纹型芯的直径制造公差　　　　单位/mm

	螺纹直径	M3～M12	M14～M33	M36～M45	M46～M68
粗牙螺纹	中径制造公差	0.02	0.03	0.04	0.05
	大、小径制造公差	0.03	0.04	0.05	0.06
	螺纹直径	M4～M22	M24～M52	M56～M68	
细牙螺纹	中径制造公差	0.02	0.03	0.04	
	大、小径制造公差	0.03	0.04	0.05	

2. 螺纹型芯的工作尺寸，如图2-7-15（b）

中径：
$$d_{2m} = \left(D_{2s} + D_{2s}S_{cp} + b \right)_{-\delta_z}^{0} \tag{2-7-16}$$

大径：
$$d_m = \left(D_{2s} + D_{2s}S_{cp} + b \right)_{-\delta_z}^{0} \tag{2-7-17}$$

小径：
$$d_{1m} = \left(D_{1s} + D_{1s}S_{cp} + b \right)_{-\delta_z}^{0} \tag{2-7-18}$$

上面各式中：d_{2m}——螺纹型芯中径基本尺寸；

d_m——螺纹型芯大径基本尺寸；

d_{1m}——螺纹型芯小径基本尺寸；

D_{2s}——塑件内螺纹中径基本尺寸；

D_s——塑件内螺纹大径基本尺寸；

D_{1s}——塑件内螺纹小径基本尺寸；

δ_z——螺纹型芯中径制造公差，其值可取$b/5$或查表2-7-1。

3. 螺纹型环和螺纹型芯的螺距工作尺寸

无论是螺纹型环还是螺纹型芯,其螺距尺寸都采用如下公式计算:

$$\left(P_m\right)\pm\frac{\delta_z}{2}=P_s\left(1+S_{cp}\right)\pm\frac{\delta_z}{2} \tag{2-7-19}$$

P_m——螺纹型环或螺纹型芯螺距;

P_s——塑件外螺纹或内螺纹螺距的基本尺寸;

δ_z——螺纹型环或螺纹型芯螺距制造公差,查表2-7-2。

表2-7-2 螺纹型环和螺纹型芯螺距的制造公差   单位/mm

螺纹直径	配合长度(L)	制造公差(δ_z)
3~10	≤12	0.01~0.03
12~22	12~20	0.02~0.04
24~68	>20	0.03~0.05

在螺纹型环或螺纹型芯螺距计算中,由于考虑到塑件的收缩,计算所得到的螺距带有不规则的小数,加工这种特殊的螺距很困难,可采用如下办法解决这一问题。

用收缩率相同或相近的塑件外螺纹与塑件内螺纹相配合时,计算螺距尺寸可以不考虑收缩率;当塑料螺纹与金属螺纹配合时,如果螺纹配合长度 $L\leqslant\dfrac{0.432b}{S_{cp}}$ 时,可不考虑收缩率;一般在小于8牙的情况下,也可以不计算螺距的收缩率,因为在螺纹型芯中径尺寸中已考虑了增加中径间隙来补偿塑件螺距的累积误差。

当然,虽然带小数点特殊螺距的螺纹型芯和螺纹型环加工困难,但必要时还是可以采用在车床上配置特殊齿数的变速挂轮等方法进行加工。

任务评价

根据图2-3-12塑料仪表盖要求及模具设计方案,确定成型零部件的结构形式及工作尺寸。

(1)成型零部件结构形式。

(2)成型零部件工作尺寸计算(填写在表2-7-3中)。

表2-7-3　成型零部件工作尺寸计算

尺寸类别	塑件尺寸	计算公式	计算结果

（3）根据塑料仪表盖成型零部件的结构及工作尺寸设计情况进行评价，见表2-7-4。

表2-7-4　塑料仪表盖成型零部件结构及工作尺寸完成情况评价表

评价内容	评价标准	分值	学生自评	教师评价
型腔结构	分析是否合理	20分		
型芯结构	分析是否合理	20分		
工作尺寸	分析是否合理	50分		
情感评价	是否积极参与课堂活动、与同学协作完成任务情况	10分		
学习体会				

任务八　确定模具结构并选用标准模架

 任务目标

(1)认识典型注射模具结构。

(2)能合理选用标准模架。

 **任务分析**

根据已初步设计好的模具基本结构完成以下任务:确定模架的具体形式、规格及标准代号并进行验算。

任务实施

根据客户提供资料可知,产品外轮廓尺寸为80 mm× 32 mm ×3 mm,产品批量要求为100万件,所以在本项目"任务三　确定型腔数目及排位"中选用了PP(聚丙烯)塑料,并确定模具为一模两腔,分型面在产品的顶面,分析如下:

(1)此产品结构简单,中间有一个通孔,尺寸精度要求是整个产品最高的,其他未标注尺寸公差,按MT7级精度选取。产品整体尺寸精度要求不高。

(2)产品价位要求大众化。

(3)综合上述考虑,选用简单的两板模结构。由于产品尺寸不大,模具采用一模两腔,一次注射量不大,注射压力较小,所以动模部分可不需要垫板,而由于产品内表面精度要求一般,可采用推杆推出,因此模架型号选取CI型。

(4)确定型芯、型腔外轮廓尺寸。

①该模具采用组合式成型零件,型腔、型芯采用镶嵌结构。该产品采用一模两腔,外轮廓尺寸如图2-8-1所示。

②确定型芯、型腔高度尺寸。

由于产品高度尺寸为 3 mm,分型面选在顶面,所以型腔尺寸高度≥25 mm,型芯尺寸高度≥3+25=28(mm)。

(5)确定动、定模板(A板、B板)外轮廓尺寸。

动、定模板中间开槽孔后单边距留 60 mm,所以模板长宽尺寸应≥145+60×2=265(mm),130+60×2=250(mm),由此可知,动、定模板外轮廓尺寸应该为≥265mm×250mm。

(6)确定动、定模板厚度尺寸。

动、定模板厚度尺寸应≥28(型腔、型芯高度)+25=53(mm)。

(7)确定推出距离(C板高度)。

产品高度尺寸为 3 mm,推杆固定板厚度为 15 mm,推杆厚度为 20 mm,预留垃圾钉高度为 5 mm,推出高度余量为 15 mm,所以推出机构推出距离应≥3+15+20+5+15=58(mm)。

综上所述,可以选用标准模架 CI-2530-A55-B60-C80,如图 2-8-2 所示。

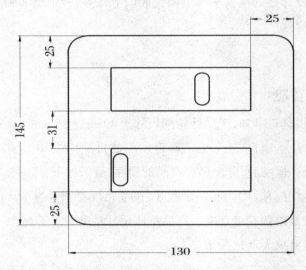

图 2-8-1 型腔、型芯外轮廓尺寸

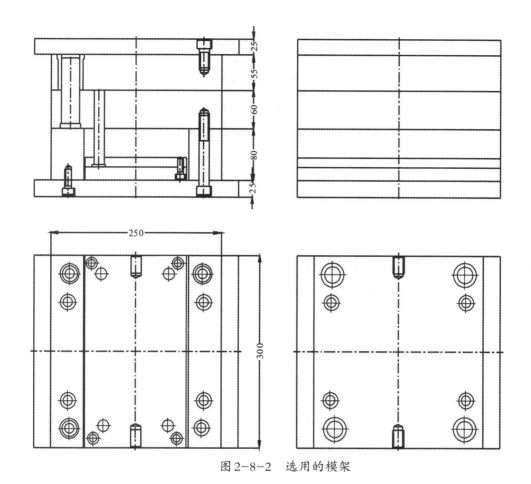

图 2-8-2 选用的模架

 相关知识

一、模架的型号

模架是设计、制造塑料注射模的基础部件,如图2-8-3所示。为提高模具精度和降低模具成本,模具的标准化工作是十分必要的。注射模具的基本结构有很多共同点,所以模具标准化的工作现已基本形成。市场上已经有标准件出售,全球比较知名的三大模架标准,英制的以美国的"D-M- E"为代表,欧洲的以"HASCO"为代表,亚洲以日本的"FUTABA"为代表,而国内的模具企业大多采用香港的"LKM"标准模架。遇到特殊情况或客户要求时,也可对标准模架的结构形状、部分尺寸及材料做出更改。本书主要介绍"LKM"标准模架。

图2-8-3　标准模架

1.模架的主要结构件

模架主要由定、动模座板和顶出板、支承板等模板组成。二板式B系列模架如图2-8-4所示。不同的模板组合形成了不同的模架型号。

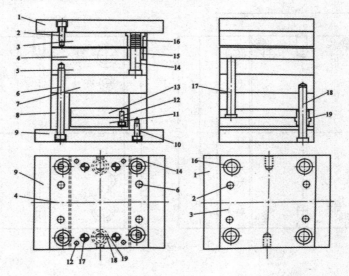

1-定模座板；2-定模连接螺钉；3-定模板(A板)；4-推件板；5-动模板(B板)；6-动模连接螺钉；7-支承板；8-垫板；9-动模座板；10-动模连接螺钉；11-推板；12-螺钉；13-推杆固定板；14-导柱；15-推件板上导套；16-导套；17-推杆；18-推出机构导柱；19-推出机构导套

图2-8-4　二板式B系列模架

（1）定、动模座板的主要作用如下。

①与定、动模板连接，固定成型零部件；

②与注射机相连，将模具固定在注射机上。

在座板的设计上主要除考虑自身的强度、刚度外，还应考虑与注射机的连接形式。

（2）定、动模板。

定、动模板也称为A板、B板，是成型零部件的安装固定载体，在注射成型过程中，承受多种应力作用，容易产生变形。除此之外，一般在定模板上还可设置浇注系统，动模板上还可以设置推出零部件。

（3）支承板。

当成型零部件采用通孔结构时，支承板能够防止成型零部件的轴向承受注射压力的冲击，是受力最大的结构件之一。对于非通孔结构，可利用模板起支承作用。

（4）推杆固定板和推板。

推杆固定板和推板的主要作用如下：

①安装推出零部件、复位零部件、推出机构的导向零部件。

②承载通过注射机传递的顶出力。

为了防止注射过程中的变形，顶出板应具有合理的板厚，以保证足够的强度、刚度；同时还应保证推出零部件运动时的稳定性。

（5）导向机构。

模具中的导向机构包括定、动模的导向以及推出机构的导向，一般由导柱、导套或导柱、导向孔组成，主要起导向、定位以及承受侧压力的作用。

为了保证导向机构合理有效地工作，导向机构应该具有以下基本要求：

①具有一定的刚度和配合精度（一般采用间隙配合H7/g8）。

②应保证导柱长度高出型芯高度12 mm以上，以保护成型零件不受损坏。

③对于双分型面模具，导向机构还应具有承受模板重量和移动导向的作用。

2.模架的类型

（1）二板式模架。

二板式模架的具体型号如图2-8-5所示。

二板式模架分为工字模架与直身型模架两类，其中AI、BI、CI、DI型为工字模架，AH、BH、CH、DH为无定模座板的直身型模架，AT、BT、CT、DT为有定模座板的直身型模架。

A系列模架：定模采用两块模板，动模采用两块模板（支承板），与顶出机构组成模架。采用单分型面（一般设在合模面上），可设计成单型腔或多型腔模具。

B系列模架：定模采用两块模板，动模采用三块模板，其中除了支承板之外，在动模板上面还设置有一块推板，用以顶出塑件，可设计成推板式模具。

C系列模架：定模采用两块模板，动模采用一块模板，无支承板，适合做一般复杂程度的单分型面模具。

D系列模架：定模采用两块模板，动模采用两块模板，无支承板，在动模板上面设置一块推板，用来顶出塑件。

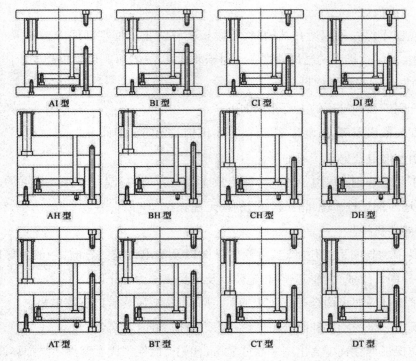

图 2-8-5　二板式标准模架

（2）三板式模架。

三板式模架是所有标准模架中最复杂的模架，其动作控制机构最多，价格最为昂贵，选用时应慎重考虑。三板式模架的具体型号如图2-8-6所示，以D开头的为点浇口模架，以E开头的为点浇口有流道板模架。

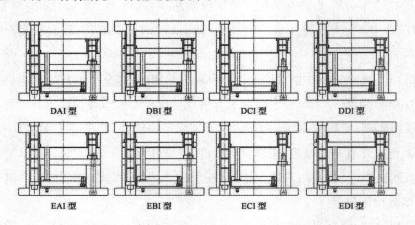

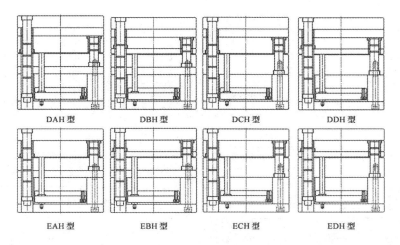

图2-8-6 三板式模架型号

在三板式模架中,其模板组成除了二板式模架中的定模板、动模板、支承板、推件板等模板外,还多了一块流道板,是为了推出浇注系统而存在的,如图2-8-7所示。

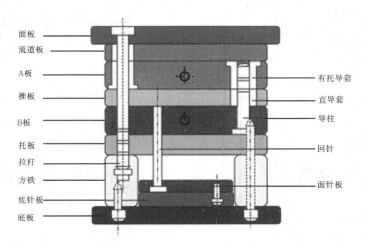

图2-8-7 DBI型模架

三板式模架中又划分了简化三板式模架,如图2-8-8所示,以F开头的为简易点浇口有流道板模架,以G开头的为简易点浇口模架。

简化三板式模架与三板式模架具有一样的功能,但是只有四根导柱,如图2-8-9所示,这四根导柱对定模座板、卸料板、定模板和动模板进行导向定位。导柱在力量上比三板式模架小,三板式模架有四根长的、四根短的,共八根导柱,导柱所占空间较大,因此,在型腔布局时无法避免一些零部件的干涉,通常会考虑使用简化三板式模架来解决,同时,简化三板式模架比三板式模架的价格便宜。

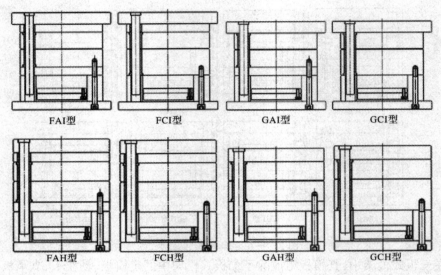

FAI型 FCI型 GAI型 GCI型

FAH型 FCH型 GAH型 GCH型

图2-8-8　简化三板式模架型号

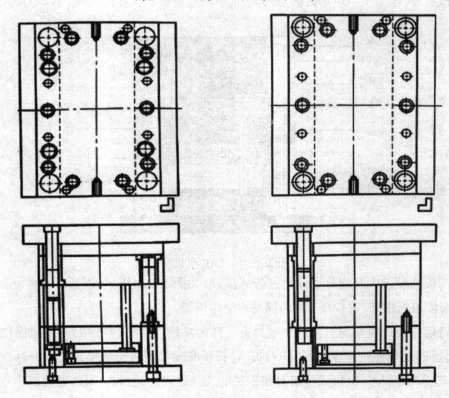

图2-8-9　同型号三板式模架与简化三板式模架的差异

二、模架的型号表示

模架型号以定、动模板（即A、B板）的尺寸长（L）×宽（B）来表示，单位为cm，有1515,1518,1520等。

1.二板式型号:1520-AI-A50-B60-C80

其中,1520为定、动模板（L）×宽（B）。

A表示系类,一般有A、B、C、D四个系列,A为有支承板无推件板;B为有支承板有推件板;C为无支承板无推件板;D为无支承板有推件板。

I表示类别,I是工字模,H是无定模座板的直身模;T是有定模座板的直身模。

A50表示定模板（即A板）厚度。

B60表示动模板（即B板）厚度。

C80表示垫块（方铁）的高度。

2.三板式型号:2530-DAI-A50-B60-C80-200-0

其中,2530为定、动模板（L）×宽（B）。

DAI中D代表有卸料板,E代表没有卸料板,AI含义与二板式型号相同。

A50,B60,C80与二板式型号含义相同。

200代表拉杆长度,0代表拉杆位置在模具内,若在模具外则用I表示。

3.简化三板式型号:1520-GAI-A50-B60-C80-200

简化三板式模架型号表示与三板式模架型号类似,不同的是对卸料板的表达方式,G代表没有卸料板,F代表有卸料板。

三、模架型号的选择

1.模仁尺寸的确定

(1)确定模仁的长与宽。

①各型腔之间钢位B取12~20 mm,如图2-8-10所示。

当有流道及浇口时,B值要取多一点,可以取20~30 mm。

②型腔至模仁边的钢位A与型腔的深度有关,表2-8-1是经验数值。

表2-8-1　钢位A与型腔深度关系　　　　　　　　单位/mm

塑件尺寸	安全距离参考
100 以内	15~20
100~300	20~25
300~800	25~35
800 以上	35~45

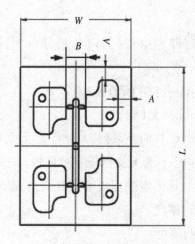

图2-8-10　型腔钢位

（2）确定模仁厚度。

①前模模仁厚度=型腔深度+（15～20）mm。

②后模模仁厚度=胶位深度+（15～30）mm。

厚度的确定必须保证模具有足够的强度和刚度，如图2-8-11所示。

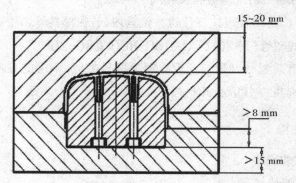

图2-8-11　前后模模仁厚度

2. A、B板尺寸的确定

（1）A、B板长、宽尺寸。

在A、B板上开一个方形或其他形状的框用于装配模仁称为A、B板开框。此框有多种形状，有开通框和不开通框之分，所以设计模具时要注意。

开框长度和宽度基本尺寸等于模仁的长度和宽度基本尺寸,公差配合H7/m6;外轮廓尺寸见表2-8-2。

表2-8-2 定、动模板尺寸经验数据

模具大小	数值	备注
小模具(模架尺寸<250 mm)	成型零件尺寸基础上单边加40 mm	先加上任意一个值,初步确定模架大小,如果是小模再设为加40 mm;其他亦如此
中模具(模架尺寸为250~350 mm)	成型零件尺寸基础上单边加50 mm	
大模具(模架尺寸>350 mm)	成型零件尺寸基础上单边加40 mm	
有侧抽芯时单边加90 mm		

(2)定、动模板厚度。

有定模座板(面板)时,定模板厚度一般等于框深加20~30 mm;无定模座板时,定模板厚度一般等于框深加30~40 mm。动模板厚度一般等于框深加0~60 mm。不同的安装固定形式具有不同的厚度尺寸。对于定模板来说,其厚度应尽量小,以减少主流道长度;而动模板可以取大些,以增加模具的强度和刚度。具体尺寸关系可见图2-8-12、表2-8-3。

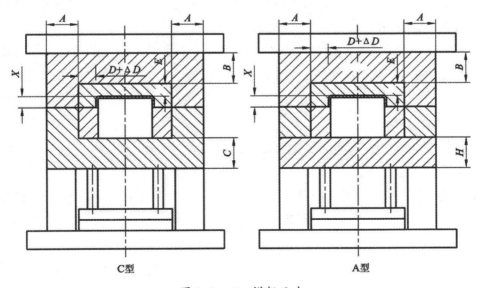

C型　　　　　　　A型

图2-8-12 模架尺寸

表2-8-3　模架与塑料制件尺寸之间的关系　　　　　单位/mm

塑料制件投影面积 /mm²	A	B	C	H	D	E
100～900	40	20	30	30	20	20
900～2500	40～45	20～24	30～40	30～40	20～24	20～24
2500～6400	45～50	24～30	40～50	40～50	24～28	24～30
6400～14400	50～55	30～36	50～65	50～65	28～32	30～36
14400～25600	55～60	36～42	65～80	65～80	32～36	36～42

上述数据只针对普通结构的塑料制件,对于特殊塑料制件应做适当更改。模板中所有尺寸的确定都必须考虑其模具的整体结构,应先满足塑料制件成型要求以及各零部件的强度要求,再调整其模架大小及各模板尺寸,在模架的调用中应尽量避免设计长宽比大于2:1的模架。

四、模架的选用步骤

1.确定模架的基本类型

除了点浇口选用三板式模架外,一般都采用二板式模架,以降低制造成本,当然,模架的选用应是灵活多变的。

2.确定模架具体类别

根据塑料制件顶出方式以及成型零部件的安装方式确定是否选用推件板、支承板。

3.确定定、动模板尺寸

尺寸的确定应符合模具整体结构,考虑各尺寸的作用,既要保证便于加工的优先数列尺寸选择,又要保证各零部件强度的最小壁厚尺寸,还应避免各零部件之间的干涉现象。

4.确定模架型号

根据定、动模板的尺寸确定其模架型号。

5.垫块高度的确定

垫块的高度应保证足够的推出行程,然后留出一定的余量(5～10 mm),以防止推杆固定板撞到动模板或动模支承板。

任务评价

(1)根据图2-3-12塑料仪表盖要求确定型腔、型芯的外轮廓及高度尺寸,确定A、B板长×宽×高尺寸,并写出设计依据。

(2)根据塑料仪表盖型腔、型芯外轮廓尺寸、高度尺寸及A、B板外轮廓及厚度尺寸设计情况进行评价,见表2-8-4。

表2-8-4　模仁及定、动模板尺寸设计情况评价表

评价内容	评价标准	分值	学生自评	教师评价
型腔外轮廓及高度尺寸	分析是否合理	25分		
型芯外轮廓及高度尺寸	分析是否合理	25分		
A板外轮廓及厚度尺寸	分析是否合理	20分		
B板外轮廓及厚度尺寸	分析是否合理	20分		
情感评价	是否积极参与课堂活动、与同学协作完成任务情况	10分		
学习体会				

任务九 选择推出机构

任务目标

（1）能读懂各种推出机构结构图。

（2）能够根据要求选择合适的推出机构并确定尺寸。

任务分析

根据平板件要求确定模具的推出机构。

任务实施

根据客户提供资料可知，产品外轮廓尺寸为80 mm×32 mm×3 mm，选用了PP（聚丙烯）塑料，确定模具为一模两腔，分型面在产品的顶面，确定了模架型号为CI2527-A65-B60-C80。通过对产品结构分析，我们知道：

（1）产品结构简单，尺寸中等，产品要求精度不高，可采用推杆推出。

（2）综合分析，可以选用4根直径为5 mm的直通式推杆，放置位置如图2-9-1所示，由于是一模两腔，所以每个塑件需要6根直径为4 mm的直通式推杆，推杆总长度$L=15+40+60-3=112$（mm）。

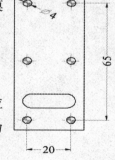

图2-9-1 推杆的布置

相关知识

一、推出机构的组成与分类

注射成型后的塑件及浇注系统的凝料从模具中脱出的机构称为推出机构。推出机构一般由推出、复位和导向三大部件组成。

1. 推出机构的组成

推出机构一般由推出、复位和导向等三大类元件组成。图2-9-2是推杆推出机构的一种典型结构,它主要由以下零件组成:直接与塑件接触并将塑件推出模外的为推出元件,在图中为推杆1,推杆需要固定,因此设推杆固定板5和推板7,两板间用螺钉连接,注射机上的推出力作用在推板上;为了确保推出板平行移动,推出零件不至于弯曲或卡死,常设有推板导柱4和推板导套6;推板的回程是靠复位杆2实现的;最后一个零件是拉料杆3,它的作用是钩着浇注系统的冷料,使整个浇注系统随同塑件一起留在动模。有的模具还设有支撑柱,主要作用是提高动模板强度,有效避免长期生产导致动模板变形。

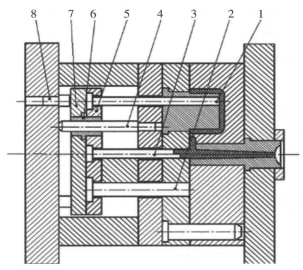

1-推杆;2-复位杆;3-拉料杆;4-推板导柱;5-推杆固定板;
6-推板导套;7-推板;8-挡钉

图2-9-2 推杆推出机构

2. 推出机构的分类

按动力来源可分为:手动推出机构、机动推出机构和液压与气动推出机构。

按推出元件可分为:推杆推出、推管推出、推板推出、利用成型零件推出和多元件综合推出等。

按模具结构特征可分为:一次推出机构、二次推出机构、浇注系统推出机构、定模推出机构、带螺纹的推出机构等。

3. 推出机构的设计原则

(1) 塑件应尽量留在动模一侧。

由于推出机构的动作是通过注射机的动模一侧的推杆或液压缸来驱动的,故在设计时应尽量注意,开模时应能把塑件留在动模一侧。

(2) 保证塑件不因推出而变形损坏。

推出装置力求均匀分布,推出力作用点应在塑件承受推出力最大的部位,即不易变形或损伤的部位,尽量避免推出力作用于最薄的部位,防止塑件在推出过程中变形和损伤。

(3) 不损坏塑件的外观质量。

推出位置应尽量选在塑件的内部或对塑件外观影响不大的部位。

(4) 机构应尽量简单可靠。

必须保证推出动作灵活、机构工作可靠、零部件配换方便,并且推出零件应有足够的强度、刚度和硬度。

4. 推出力的计算

注射过程中,模腔内熔体在冷却固化中,由于体积的收缩包紧成型零件,为使塑件能自动脱落,在模具开启后就需要在塑件上施加一推力。推出力是确定推出机构结构和尺寸的依据,受力情况如图2-9-3所示。

推出力 F_t 的计算公式为:

$$F_t = Ap\,(\mu\cos\alpha - \sin\alpha) \qquad (2-9-1)$$

式中: A ——塑件包络型芯的面积, mm^2;

$\quad\quad p$ ——塑件对型芯单位面积上的包紧力, MPa。

一般情况下,模外冷却的塑件, $p = 24 \sim 39\ MPa$;模内冷却的塑件, $p = 8 \sim 12\ MPa$。

$\quad\quad \alpha$ ——脱模斜度;

$\quad\quad \mu$ ——塑件对钢的摩擦系数,常取 $\mu = 0.1 \sim 0.3$。

从式2-9-1可以看出,推出力随着塑件包容型芯的面积增加而增大,随着脱模斜度增大而减小,同时也和塑料与钢(型芯材料)之间的摩擦系数有关。实际上,影响推出力的因素很多,型芯的表面粗糙度、成型的工艺条件、大气压力及推出机构本身在做推出运动时的摩擦阻力等都会影响推出力的大小。

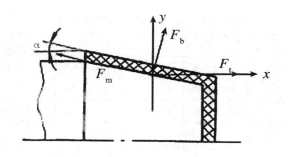

图 2-9-3 塑件的受力分析

二、一次推出机构

一次推出机构又称简单推出机构,指开模后在动模一侧用一次推出动作完成塑件的推出。常见的结构形式有以下几种。

1.推杆推出机构

推杆推出是推出机构中最简单最常见的一种形式。

其结构特点是加工方便、结构简单、更换容易,可用于任何地方,受产品形状和尺寸限制小,因此在生产中广泛应用。但是,因为它与塑件接触面积一般比较小,设计不当易引起应力集中而推穿塑件使塑件变形,因此当用于脱模斜度小和脱模阻力大的管状或箱体类塑件时,应增加推杆数量,增大接触面积。

推杆的形式很多,最常用的是圆形截面推杆,如图2-9-4所示是单节圆形截面推杆,其常见尺寸见表2-9-1。$D=d+(3\sim5)$,$H=4\sim6$,通常在$d>3$的时候使用,是最常用的形式,配合间隙如图2-9-5所示。

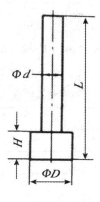

图 2-9-4 单节圆形截面推杆

表2-9-1 单节圆形截面推杆尺寸

类型	尺寸														
d	2	2.5	3	3.5	4	4.5	5	5.5	6	6.5	7	8	9	10	12
D	6	6	6	7	8	8	9	9	10	10	11	13	14	15	17
H	4	4	4	4	6	6	6	6	6	6	6	8	8	8	8

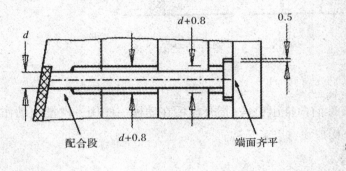

图2-9-5 单节圆推杆配合间隙   图2-9-6 双节圆推杆形状

当推针的直径 $D<3$ mm时,要使用有托推杆(双节圆推杆),如图2-9-6所示,并要定做中托司(即推针板导柱)。双节圆推杆主要用于推杆断面尺寸较小,而又需增加推杆刚度的场合, $D=d_1+(3\sim5)$, $d_1=2d$, $H=4\sim6$,一般直径小于3 mm时使用,尺寸见表2-9-2,配合间隙如图2-9-7所示。

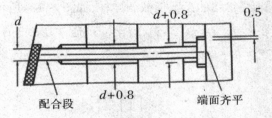

图2-9-7 双节圆推杆配合间隙

表2-9-2 双节圆推针尺寸

类型	尺寸										
d	0.8	1	1.2	1.5	0.8	1	1.2	1.5	1	1.2	1.5
d_1	2				2.5				3		
D	4				6						
H	4										
N	40,50,70,100										
L	100,150,200										

扁推杆的结构如图2-9-8所示,尺寸见表2-9-3,当塑件空间较小、筋位较深,不易排布较合适的圆推针时采用扁推针,一般排布在筋位的底部。扁推针孔一般采用线切割加工,扁推杆前端是矩形,后端是圆形,以增加推针强度,所以采用扁推针的成本比圆推针要高。

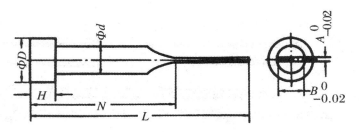

图2-9-8 扁推杆结构

表2-9-3 扁推杆尺寸

$A<1.0$						材质:SKH51					硬度:58～60HRC			
d	2	2.5	3	3.5	4	4.5	5	5.5	6	6.5	7	8	9	10	12
D	4	5	6	7	7	9	9	10	10	11	11	13	14	15	17
H	4	4	4	4	4	4	4	4	4	4	4	4	4	4	4
L	100,150,200,250,300														

$A\geq1.0$				材质:SKD61				硬度:52～54HRC			
d	3.5	4	4.5	5	5.5	6	6.5	7	8	9	10	12
D	7	8	8	9	9	10	10	11	13	14	15	17
H	4	6	6	6	6	6	6	6	8	8	8	8
L	100,150,200,250,300											

推杆、阶梯形推杆及扁推杆孔在其余非配合段的尺寸为$(d+0.8)$mm或$(d_1+0.8)$mm。台阶固定端与面针板孔间隙为0.5 mm。

推针的工作段常用H8/f7或H7/f7配合,配合段长度一般为1.5～2倍的直径,但至少应大于15 mm,对非圆形推针则需大于20 mm。其余部分保证有0.5～1 mm的双边间隙。

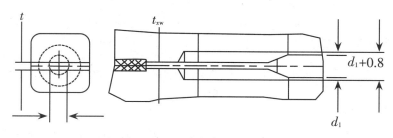

图2-9-9 扁推杆配合间隙

2.推管推出机构

推管也称司筒(图2-9-10),是一种空心的推杆,它适于环形、筒形或中间带孔的塑件的推出。其优点是推出受力均匀,因为推出时整个推管周边接触塑件,脱模平稳,塑件不易变形,也没有明显的推出痕迹。推管推出机构的典型结构如图2-9-11所示。

图2-9-10 推管

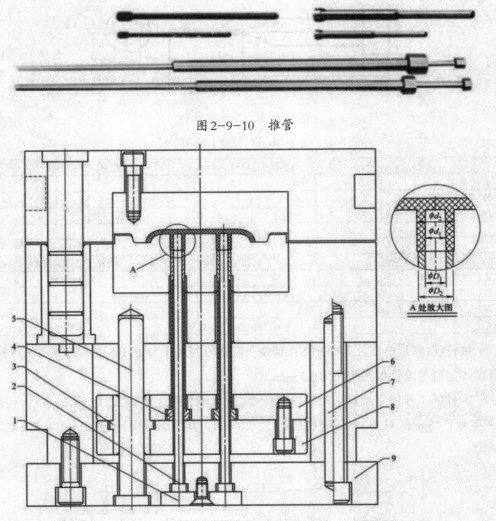

1-挡块;2-型芯;3-导套;4-推管;5-顶出导柱;6-顶出固定板;7-销钉;8-顶出板;9-动模座板

图2-9-11 推管推出机构的典型结构

(1)推管的联结紧固。

图2-9-12是推管的基本结构形式,是将型芯固定在动模座板上,将推管固定在推

杆固定板上。图(a)所示为用台肩固定推管,需另加一块背板;图(b)所示为用无头螺丝将其固定。

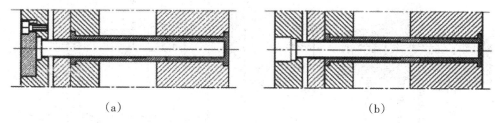

(a)　　　　　　　　　　　　　(b)

图 2-9-12 推管的联结紧固

(2)推管的固定与配合。

推管推出机构中,推管的精度要求较高,间隙控制较严。

①推管固定部分的配合。

推管的固定与推杆的固定类似,推管外侧与推管固定板之间采用单边 0.5 mm 的大间隙配合。

②推管工作部分的配合。

推管工作部分的配合是指推管与型芯之间的配合和推管与成型模板的配合。推管的内径与型芯的配合,当直径较小时选用 H8/f7 的配合;当直径较大时选用 H7/f7 的配合。推管外径与模板上孔的配合,当直径较小时采用 H8/f8 的配合;当直径较大时选用 H8/f7 的配合。

3. 推板推出机构

针对制品沿周边都需要推出或制品外表面不允许留下推出痕迹(如透明制品)的情况,可采用推板推出,如图 2-9-13 所示。该推出机构适用于筒形塑件、薄壁容器以及各种罩壳形塑件的推出。其主要特点是推出力大、均匀、平稳,塑件不易变形;表面不留推出痕迹;不需设置复位装置。

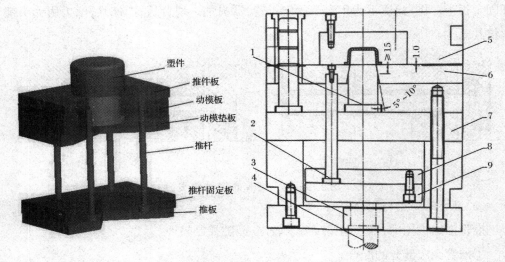

1-型芯;2-推杆;3-K0孔;4-成型机顶杆;5-定模板;6-推板;7-支承板;8-顶出固定板;9-顶出板

图2-9-13　推件板推出

(1)推件板推出机构的基本形式。

常见推件板推出机构的结构形式,如图2-9-14所示。

图(a)为推杆与推件板用螺纹连接,并起定距杆的作用,防止推件板从导柱上脱落。

图(b)为推杆推动推件板,推件板和推杆仅靠接触传力而不互相连接,但只要导柱长度足够(柱比型芯长),并严格控制推出行程,推件板也不会脱落。采用这种结构形式时,应将动模、定模的导柱安装在动模一侧,它同时起推件板的导向作用。

图(c)是利用注射机两侧的推杆推动推件板的。适于合模系统两侧具有推杆的注射机,由于省去了推出机构,模具结构比较简单,缩短了模具的闭合高度。由于注射机推杆直接作用在推件板上,这时推件板的长度应该设计得足够长,以使两侧定杆能推上。

图(d)推件板镶入动模板内,推杆端部用螺纹与推件板连接,并且与动模板导向配合,模具机构紧凑。推件板用斜面形式与动模板相接,起推件板辅助定位的作用,同时避免了相对移动而相互损伤的情况。

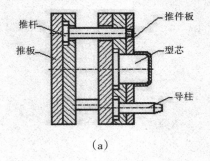

(a)

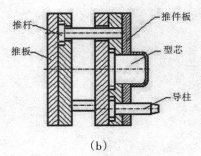

(b)

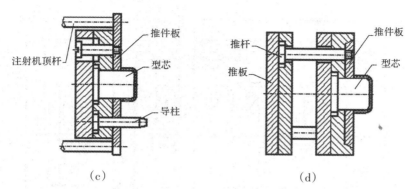

图 2-9-14 推件板推出机构的结构形式

（2）推件板推出的设计要点。

①推件板配合部分应淬硬处理。

②推件板的推出距离不大于导柱有效导向长度。

③推件板与型芯配合间隙一般采用 H8/f8，即单边配合间隙不大于所用塑料的溢边值，不产生溢料飞边。

④为避免脱模时推板孔的内表面与凸模或型芯的成型面相摩擦，造成凸模迅速擦伤，应该将推板的内孔与型芯面之间留出 0.2～0.3 mm 的间隙。如图 2-9-15 所示。

⑤通常，推件板与型芯成型面以下的配合段做成锥面，锥面能准确定位，可防止推件板偏心，从而避免溢边，其单边斜度取 3°～10°。

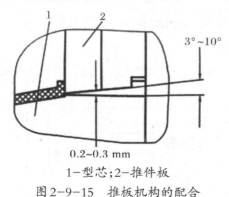

1—型芯；2—推件板

图 2-9-15 推板机构的配合

4. 推块设计要点

推块结构如图 2-9-16 所示。

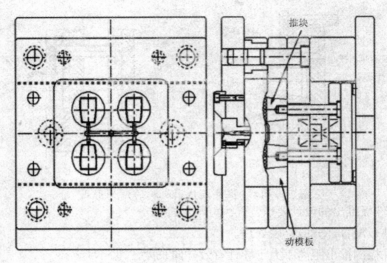

图 2-9-16　推块结构

（1）推块应有较高的硬度和较小的表面粗糙度；选用材料应与相配合的模板有一定的硬度差；推块需渗氮处理（除不锈钢不宜渗氮外）。

（2）推块与模板间的配合间隙以不溢料为准，并要求滑动灵活；推块滑动侧面开设润滑槽。

（3）推块与模板配合侧面应设计成锥面，不宜采用直面配合。

（4）推块锥面结构应满足：推出距离（H_1）大于制件推出高度，同时小于推块高度的一半以上，如图 2-9-17 所示。

（5）推块推出应保证平稳，对较大推块须设置两个以上的推杆。

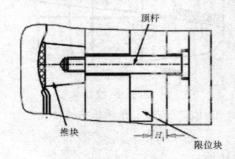

图 2-9-17　推块设计要点

三、导向零件

通常由推板导柱和推板导套组成，简单的小模具也可以由推板导柱直接与推杆固定板上的孔组成,对于型腔简单、推杆数量少的小模具,还可以利用复位杆作为推出机构的导向。

常用的导向形式如图2-9-18所示。

图(a)是推板导柱固定在动模座板上的形式,推板导柱也可以固定在支承板上。

图(b)中推板导柱的一端固定在支承板上,另一端固定在动模座板上,适于大型注射模。

图(c)为推板导柱固定在支承板上,且直接与推杆固定板上的导向孔相配合。

前两种形式导柱除了导向作用外,还起支承动模支承板的作用。对于中小型模具,推板导柱可以设置两根,对于大型模具需安装四根。

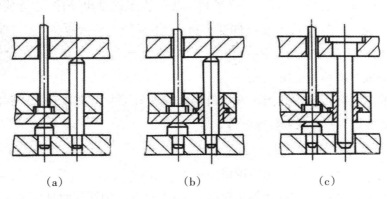

（a）　　　　　（b）　　　　　（c）

图2-9-18　推出机构的导向零件

四、复位零件

在推出机构完成塑件脱模后,为了继续注射成型,推出机构必须回到原来的位置。为此,除推件板脱模外,其他脱模形式一般均需要设置复位杆。常见形式有以下几种。

(1)弹性复位装置。利用压缩弹簧的回复力使推出机构复位,其复位先于合模动作完成。如图2-9-19(a)所示。设计时应防止推出后推杆固定板把弹簧压死,或者弹簧已被压死而推出还未到位。弹簧应安装在推杆固定板的四周,一般为四个,常安装在复位杆上,也可将弹簧对称地设置在推杆固定板上,此外,还可设置在推板导柱上。

(2)复位杆。复位杆在结构上与推杆相似,所不同的是它与模板的配合间隙较大,同时复位杆推面不应高出分型面,如图2-9-19(b)所示。

(3)推杆的兼用形式。在塑件的几何形状和模具结构允许的情况下,可利用推杆使推出机构复位,如图2-9-19(c)所示。

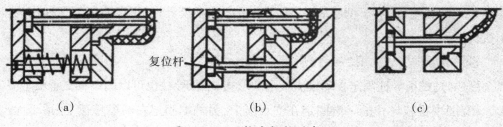

（a）　　　　　　　　　　（b）　　　　　　　　　　（c）

图2-9-19　推出机构的复位

五、二次推出机构

考虑到塑件形状特殊或生产自动化的需要,在一次脱模推出动作后,塑件仍难于从型腔中取出或不能自动脱落时,必须再增加一次脱模推出动作,才能使塑件脱模,有时为了避免一次脱模推出使塑件受力过大,也采用二次脱模推出,以保证塑件质量,这类脱模机构称为二次推出机构。

1. 单推板二次推出机构

单推板二次推出机构是指在推出机构中只设置了一组推板和推杆固定板,而另一次推出则是靠一些特殊零件来实现。

（1）弹簧式二次推出机构。

利用压缩弹簧的弹力作用实现第一次推出,然后再由推杆实现第二次推出。如图2-9-20所示即为弹簧式二次推出机构的示例。图(a)为开模时推出前的状态;从开模分型开始,弹簧力就开始作用,使动模板4不随动模一起移动,从而使塑件从型芯2上脱出,完成第一次推出,如图(b)所示;最后,动模部分的推出机构工作,推杆3将塑件从动模板型腔中推出,完成第二次推出,如图(c)所示。设计这种推出机构时,必须注意动作过程的顺序控制。刚开模时,弹簧不能马上起作用,否则塑件开模后会留在定模一侧,使二次脱模无法进行。另外,要实现弹簧二次推出,必须设置顺序定距分型机构。

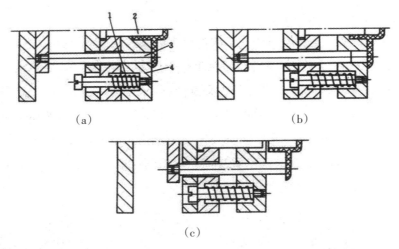

1-弹簧;2-型芯;3-推杆;4-动模板

图2-9-20 弹簧式二次推出机构

（2）摆块拉杆式二次推出机构。

摆块拉杆式二次推出机构是由固定在动模的摆块和固定在定模的拉杆来实现二次推出的,如图2-9-21所示。图(a)为注射结束的合模状态;开模后,固定在定模一侧的拉杆10拉住安装在动模一侧的摆块7,使摆块7推动动模型腔板9,使塑件从型芯3上脱出,完成第一次推出,如图(b)所示;动模继续后移,推杆11将塑件从动模型腔中推出,完成第二次推出,如图(c)所示。图中弹簧8的设置是使摆块与动模板始终接触。

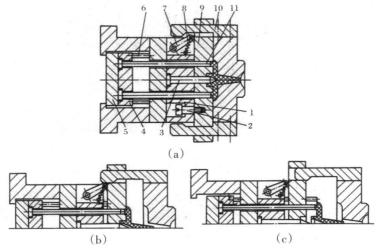

1-支承板;2-定距螺钉;3-型芯;4-推杆固定板;5-推板;
6-复位杆;7-摆块;8-弹簧;9-动模型腔板;10-拉杆;11-推杆

图2-9-21 摆块拉杆式二次推出机构

（3）斜楔滑块式二次推出机构。

如图2-9-22所示是斜楔滑块式二次推出机构，这种机构是利用斜楔6驱动滑块4来完成第二次推出的。图（a）是开模后推出机构尚未工作的状态；当动模移动一定距离后，注射机顶杆开始工作，推杆8和中心推杆10同时推出，塑件从型芯上脱下，但仍留在凹模型腔7内，与此同时，斜楔6与滑块4接触，使滑块向模具中心滑动，如图（b）所示，第一次推出结束；滑块继续移动，推杆8后端落入滑块的孔中，在接下来的分模过程中，推杆8不再具有推出作用，而中心推杆10仍在推着塑件，从而使塑件从凹模型腔内脱出，完成第二次推出，如图（c）所示。

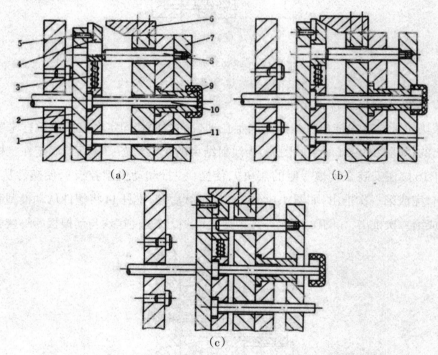

1—动模座板；2—推板；3—弹簧；4—滑块；5—销钉；6—斜楔；
7—凹模型腔；8—推杆；9—型芯；10—中心推杆；11—复位杆
图2-9-22　斜楔滑块式二次推出机构

2.双推板二次推出机构

双推板二次推出机构是在模具中设置两组推板，它们分别带动一组推出零件实现二次脱模的推出动作。

（1）三角滑块式二次推出机构。

如图2-9-23所示为三角滑块式二次推出机构，该机构中三角滑块2安装在一次推板1的导滑槽内,斜楔杆5固定在动模支承板上。图(a)所示是刚分模状态;注射机顶杆开始工作后,推杆6、9及动模型腔板7一起向前移,使塑件从型芯8上脱下,完成第一次推出,此时斜楔杆5与三角滑块2开始接触,如图(b)所示;推出动作继续进行,由于三角滑块2在斜楔杆5斜面作用下向上移动,使其另一侧斜面推动二次推板3,使推杆9推出距离超前于动模型腔板7,从而使塑件从型腔板中推出,完成第二次推出,如图(c)所示。

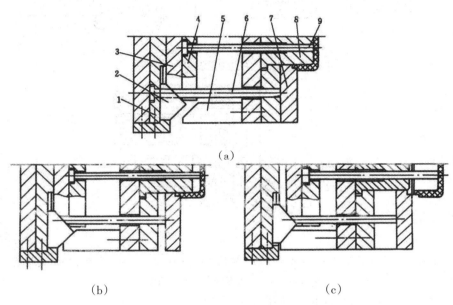

（a）

（b） （c）

1—一次推板;2-三角滑块;3-二次推板;4-推杆固定板;
5-斜楔杆;6,9-推杆;7-动模型腔板;8-型芯

图2-9-23 三角滑块式二次推出机构

（2）摆钩式二次推出机构。

如图2-9-24所示是摆钩式二次推出机构,其摆钩5用转轴固定在一次推板6上,并用弹簧拉住。图(a)为刚开模状态;当推出机构工作时,注射机顶杆推动二次推板7,由于摆钩5的作用,一次推板6也同时被带动,从而使推杆8推动动模型腔板3与推杆2同时向前移动,使塑件从型芯1上脱出,完成第一次推出,如图(b)所示,此时,摆杆与支承板接触且脱钩,限位螺钉4限位,一次推板6停止移动;继续推出时,推杆2将塑件推出动模型腔板了,完成第二次推出,如图(c)所示。

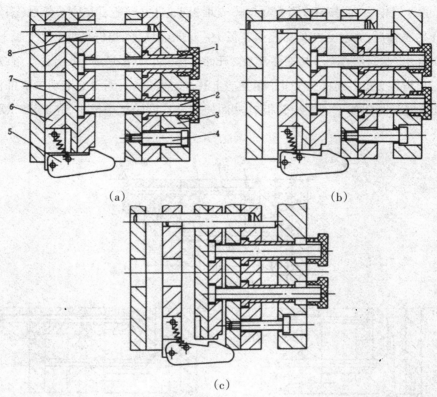

1-型芯;2,8-推杆;3-动模型腔板;4-限位螺钉;5-摆钩;6-一次推板;7-二次推板

图2-9-24　摆钩式二次推出机构

(3)"八"字摆杆式二次推出机构。

如图2-9-25所示是"八"字摆杆式二次推出机构,其"八"字摆杆6用转轴固定在和动模支承板连接在一起的支块7上。图(a)为开模状态;推出时,注射机顶杆接触一次推板1,由于定距块3的作用,使推杆5和推杆2一起动作将塑件从型芯10上推出,直到"八"字摆杆6与一次推板1相碰为止,完成第一次推出,如图(b)所示;继续推出时,推杆2继续推动动模型腔板9,而"八"字摆杆6在一次推板1的作用下绕支点转动,使二次推板4运动的距离大于一次推板运动的距离,塑件便在推杆5的作用下从动模型腔板9内脱出,完成第二次推出,如图(c)所示。

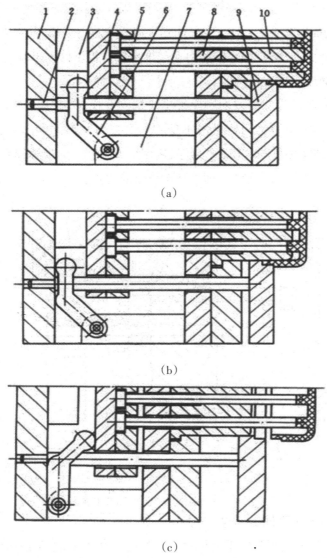

(a)

(b)

(c)

1—一次推板;2,5—推杆;3—定距块;4—二次推板;
6—"八"字摆杆;7—支块;8—支承板;9—动模型腔板;10—型芯

图2-9-25 "八"字摆杆式二次推出机构

六、定、动模双向顺序推出机构

在实际生产过程中,有些塑件因其形状特殊,开模后既有可能留在动模一侧,也有可能留在定模一侧,甚至也有可能塑件对定模的包紧力明显大于对动模的包紧力而会留在定模。为了让塑件顺序脱模,除了可以采用在定模部分设置推出机构的方

法以外,还可以采用定、动模双向顺序推出机构,即在定模部分增加一个分型面,在开模时确保该分型面首先定距打开,让塑件先从定模型芯上脱模,然后在主分型面分型时,塑件能可靠地留在动模部分,最后由动模推出机构将塑件推出脱模。

(1)弹簧双向顺序推出机构。

如图2-9-26所示为弹簧双向顺序推出机构。开模时,弹簧6始终压住定模推件板3,迫使塑件从定模A分型面处首先分型,从而使塑件从型芯5上脱出而留在动模板2内,直至限位螺钉4端部与定模板7接触,定模分型结束。动模继续后退,主分型面B分型,在推出机构工作时,推管1将塑件从动模型腔内推出。

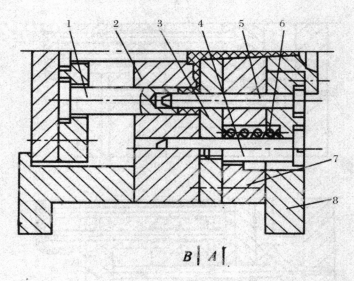

1-推管;2-动模板;3-定模推件板;4-限位螺钉;5-型芯;6-弹簧;7-定模板;8-定模座板

图2-9-26 弹簧双向顺序推出机构

(2)摆钩式双向顺序推出机构。

如图2-9-27所示为摆钩式双向顺序推出机构。开模时,由于摆钩8的作用使A分型面分型,从而使塑件从定模型芯4上脱出,由于压板6的作用,使摆钩8脱钩,然后限位螺钉7限位,定模部分A分型面分型结束。继续开模,动、定模在B分型面分型,最后动模部分的推出机构工作,推管1将塑件从动模型芯2上推出。

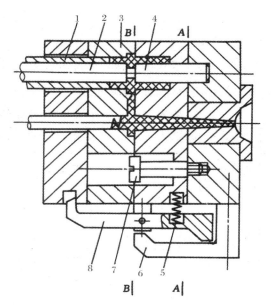

1-推管;2-动模型芯;3-动模板;4-定模型芯;5-弹簧;6-压板;7-限位螺钉;8-摆钩

图 2-9-27　摆钩式双向顺序推出机构

（3）滑块式双向顺序推出机构。

如图 2-9-28 所示为滑块式双向顺序推出机构。开模时,由于拉钩 2 钩住滑块 3,因此,定模板 5 与定模座板 7 在 A 处先分型,塑件从定模型芯上脱出,随后压块 1 压住滑块 3 内移而脱开拉钩 2,由于限位拉板 6 的定距作用,A 分型面分型结束。继续开模时,主分型面 B 分型,塑件包在动模型芯上留在动模里,最后推出机构工作,推杆将塑件从动模型芯上推出。

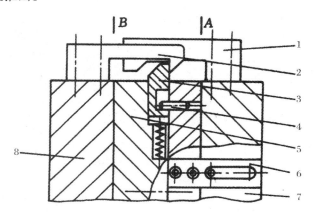

1-压块;2-拉钩;3-滑块;4-限位块;5-定模板;6-限位拉板;7-定模座板;8-动模板

图 2-9-28　滑块式双向顺序推出机构

 **任务评价**

(1)根据图2-3-12塑料仪表盖要求确定该模具推出机构类型及尺寸。

(2)根据塑料仪表盖模具推出机构设计情况进行评价,见表2-9-4。

表2-9-4　塑料仪表盖模具推出机构设计评价表

评价内容	评价标准	分值	学生自评	教师评价
推出机构的类型	是否合理	20分		
推出机构尺寸的确定	分析是否合理	30分		
推出机构的布置	分析是否合理	30分		
资料查阅	是否能够有效利用手册、电子资源等	10分		
情感评价	是否积极参与课堂活动、与同学协作完成任务情况	10分		
学习体会				

任务十 设计模具冷却系统

 任务目标

(1)认识模具冷却水路的作用及类型。

(2)能根据塑件要求合理设计冷却系统。

 任务分析

根据平板件的要求及已确定的模具总体结构方案,设计模具的冷却系统和排气系统,并绘制冷却水路布置图。

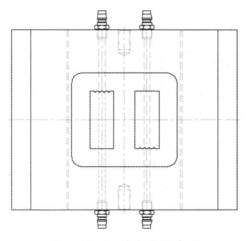 **任务实施**

本塑件壁厚均为 3 mm,制品总体尺寸较小,为 80 mm×32 mm×3 mm,确定水孔直径为 8 mm。在型腔和型芯上均采用直流循环式冷却装置。由于动模、定模均为镶拼式,受结构限制,冷却水路布置如图2-10-1所示。

图2-10-1 冷却水路布置

相关知识

注射成型中,模温高低直接影响制品的质量和成型周期。必须对模温进行有效的控制,使模温保持在一定范围之内。对大多数要求较低模温的塑料,模具需设置冷却系统;对模温超过80℃的模具及大型注射模具,需设置加热系统。

一、冷却系统设计原则

(1)合理确定冷却管道的中心距及冷却管道与型腔壁的距离。冷却管道中心线与型腔壁的距离为冷却管道直径的1～2倍(常用12～15 mm)。冷却管道的中心距为管道直径的3～5倍,如图2-10-2所示。冷却水路的直径应优先采用大于8 mm水路,且各水路的直径应尽量相同,避免由于因水路直径不同而造成的冷却液流速不均。

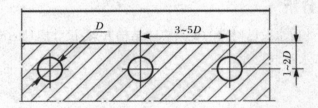

图2-10-2　冷却水路的孔径与位置关系

(2)水孔与型腔表面各处距离应尽量均匀,如图2-10-3(a)所示;当塑件的壁厚不均匀时,水孔位置可参照图2-10-3(b)的方式排列。

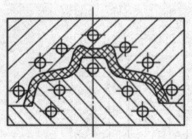
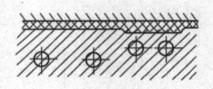

（a）壁厚均匀的水孔布置　　　　　　　　　（b）壁厚不均匀的水孔布置

图2-10-3　水孔与型腔表面各处应尽量距离相同

(3)热量聚集大、温度上升高的部位应加强冷却。如熔体充模时,浇口附近温度较高,因此在浇口附近应加强冷却,这时可将冷却回路的入口设在浇口附近,如图2-10-4所示。

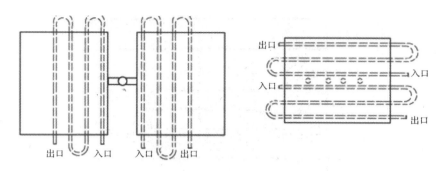

图2-10-4 应加强浇口附近的冷却

（4）应降低出水口与入水口的温差。从均匀冷却的方案考虑，对冷却液在出、入口处的温差，一般希望控制在5 ℃以下，而精密成型模具和多型腔模具的出、入口温差则要控制在3 ℃以下，降低出水口与入水口的温差可以使型腔表面的温度分布均匀。

可以采取以下措施降低温差：① 减小冷却回路的长度，可将一段回路改为两段回路，如图2-10-5所示。② 改变冷却管道的排列方式，如图2-10-6所示。

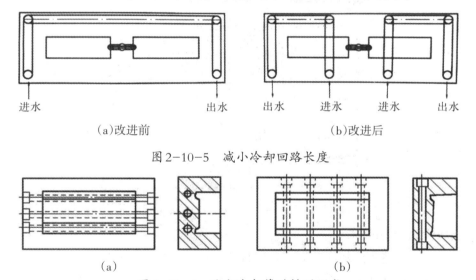

（a）改进前　　　　　　　　　　　（b）改进后

图2-10-5 减小冷却回路长度

（a）　　　　　　　　　　　（b）

图2-10-6 改变冷却管道排列形式

二、常见的冷却回路布局形式

1. 单层冷却回路

（1）单层外接直通式。

如图2-10-7所示。外接直通式冷却水路是在模板上打直通孔与模外软管连接构成单回路或多回路。这种冷却水路加工容易，但冷却水路不是围绕型腔设置，在成型过程中，制品的散热不够均匀。

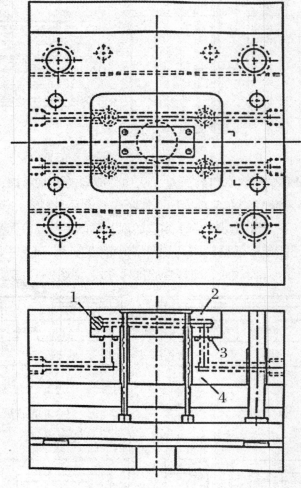

图 2-10-7　单层外接直通式

（2）单层平面回路式。

单层平面回路式冷却水路通常采用打相交直孔，镶入挡板、堵头等控制冷却水流向的方法构成模内回路。根据具体情况也可以设计成单回路或者多回路，如图 2-10-8 所示，这种水路排列对于模腔的散热略好于外接直通式。

2. 环槽式冷却水路

环槽式冷却水路是在模板上打孔与加工在镶拼或模板上的环形槽连接构成单回路或多回路。这种冷却水路正好围绕镶件分布，对于模腔的散热较好，并可以在模板上打孔将镶件或模板上的环形槽串联，构成用于镶入式多腔模的环槽式水路。如图 2-10-9 所示。

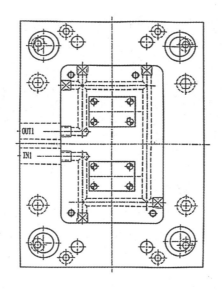

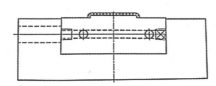

图 2-10-8 单层平面回路式冷却水路

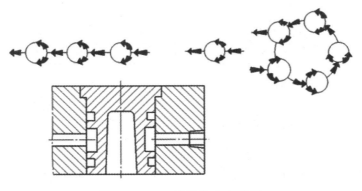

图 2-10-9 环槽式冷却水路

3. 多层冷却水路

（1）螺旋式冷却水路。

对于圆形镶件的冷却，可以在镶件的外表面加工出螺旋槽，并将其进出口通过模板与模外连通，构成螺旋式冷却水路，这样可以对圆形镶件进行充分的冷却，如图2-10-10所示。

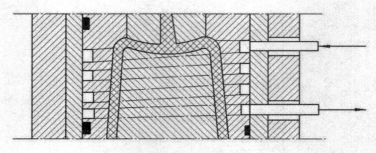

图 2-10-10　螺旋式冷却水路

（2）多层平面回路式冷却水路。

对于深型腔的塑件模具，要对型腔进行充分冷却，单层的冷却回路显然不适合，因此在沿型腔深度方向布置多层平面回路式冷却水路，可以对深型腔进行比较充分的冷却，如图2-10-11所示。

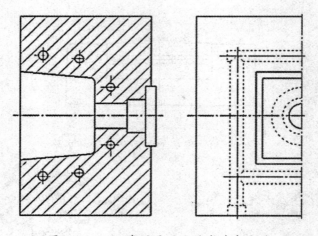

图 2-10-11　多层平面回路式冷却水路

三、凸模（型芯）冷却水路的设置

1. 钻孔式型芯冷却水路

对于中等高度的较大型芯，可采用在型芯上钻斜孔的方法构成冷却水路，如图2-10-12所示。

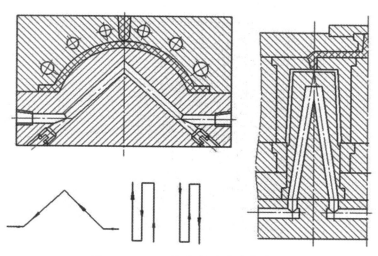

图 2-10-12　钻孔式型芯冷却水路

2.喷泉式冷却水路

这种结构形式主要用于长型芯的冷却。如图 2-10-13 所示,以水管代替型芯镶件,结构简单,成本较低,对于中心浇口冷却效果较好。这种形式既可用于细小型芯的冷却,也可用于大型芯的冷却或多个小型芯的并联冷却。

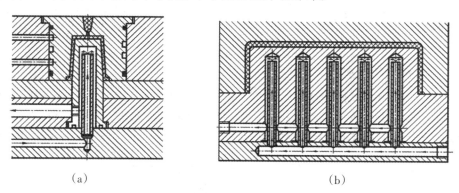

（a）　　　　　　　　　　　　　　　（b）

图 2-10-13　喷泉式冷却水路

3.隔板式冷却水路

如图 2-10-14 所示,在型芯中打出冷却孔后,内装一块隔板将孔隔成两半,仅在顶部相通形成回路。它适用于大型芯的冷却或多个小型芯的并联冷却,但冷却水的流程较长。

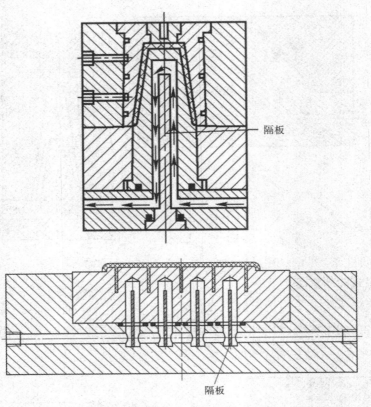

图 2-10-14　隔板式冷却水路

4.螺旋槽式冷却水路

在型芯尺寸、力学强度允许的前提下,在型芯中加入带有螺旋的水槽镶件,以如图 2-10-15 所示的方式对其温度进行控制,可获得极佳的效果。但是这种镶件形状复杂,会因加工难度大而增加模具的制造费用。

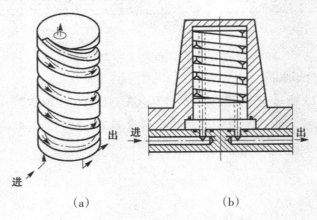

（a）　　　　　　　　　　（b）

图 2-10-15　螺旋槽式冷却水路

四、冷却系统的相关尺寸

水路直径可根据塑料制件的壁厚制订,一般不超过14 mm,否则难以实现紊流。

(1)直通式水路,常见相关尺寸见表2-10-1和表2-10-2。

表2-10-1 塑料制件壁厚与相应直通式水路直径 单位/mm

塑料制件壁厚t	水路直径d
<2	8~10
<4	10~12
<6	12~14

表2-10-2 直通式水路其他相关尺寸 单位/mm

模具大小	a	b	h
<350×350	>10	>7	(3~5倍)×水路直径≥30
350×350~450×450	>10	>10	
450×450~600×600	>10	>12	
600×600~800×800	>10	>15	
>800×800	>10	>20	

(2)隔水片冷却,常见相关尺寸如图2-10-16所示。

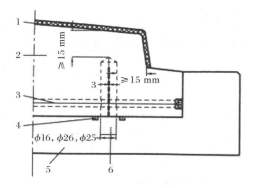

1-塑料制件;2-动模镶件(型芯);3-水路;4-密封圈;5-动模板;6-隔水板
图2-10-16 隔水片冷却系统的相关尺寸

五、模具的加热

当注射模具工作温度要求在80 ℃以上时,必须设置加热系统。根据热源不同,模具加热的方式分为电加热(包括电阻加热和感应加热,后者应用较少)、油加热、蒸汽加热、热水或过热水加热等。其中,电阻加热应用比较广泛。

电阻加热的优点是:结构简单、制造容易、使用和安装方便、温度调节范围较大、没有污染等;缺点是:耗电量较大。电阻加热装置有三种。

(1)电阻丝加热。

将事先绕制好的螺旋弹簧状电阻丝作为加热元件,外部穿套特制的绝缘瓷管后,装入模具中的加热孔道,一旦通电,便可对模具直接加热。

(2)电热套或电热板加热。

电热套是将电阻丝绕制在云母片上之后,再装夹进一个特制金属框套内而制成的,云母片起绝缘作用。如图2-10-17所示,图(a)为矩形电热套;图(b)、(c)为圆形电热套。如果模具上不便安装电热套,可采用平板框套构成的电热板,如图(d)所示。

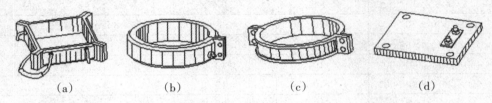

| (a) | (b) | (c) | (d) |

图2-10-17 电热套和电热板

(3)电热棒加热。

电热棒是一种标准加热元件,它是将具有一定功率的电阻丝密封在不锈钢内制成的。使用时,在模具上适当的位置钻孔,然后将其插入,并装上热电偶通电即可。

任务评价

(1)根据图2-3-12塑料仪表盖塑件模具结构确定冷却系统类型及尺寸,画在空白处。

(2)根据塑料仪表盖冷却水路设计情况进行评价,见表2-10-3。

表2-10-3 塑料仪表盖冷却水路设计评价表

评价内容	评价标准	分值	学生自评	教师评价
冷却水路布置情况	是否合理	40分		
冷却水路尺寸确定及依据	是否合理	40分		
资料查阅	是否能够有效利用手册、电子资源等	10分		

续表

评价内容	评价标准	分值	学生自评	教师评价
情感评价	是否积极参与课堂活动、与同学协作完成任务情况	10分		
学习体会				

（3）实训练习。

参考平板件模具装配图 2-10-18、型腔零件图 2-10-19、型芯零件图 2-10-20，绘制塑料仪表盖的装配图及型腔型芯零件图。

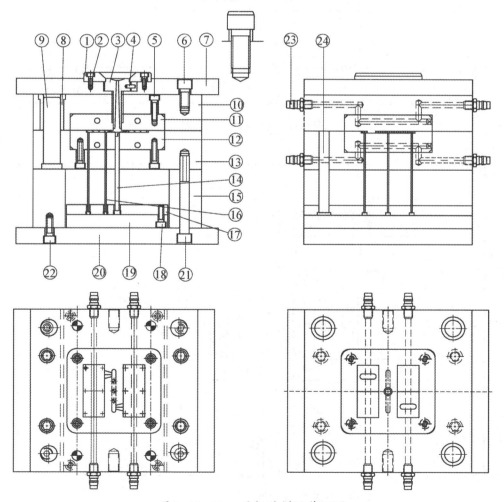

图 2-10-18 平板件模具装配图

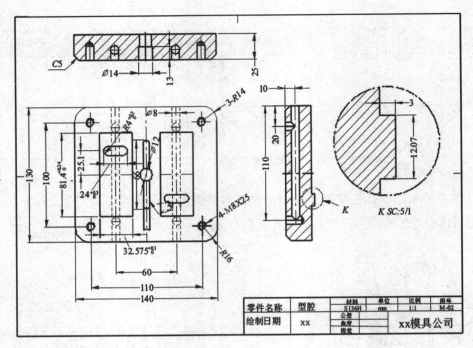

图2-10-19 型腔零件图

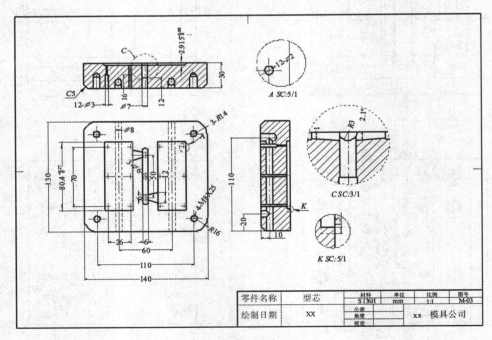

图2-10-20 型芯零件图

项目三 直齿轮模具结构设计

　　点浇口是一种非常细小的浇口，又称为针浇口。它在制件表面只留下针尖大小的一个痕迹，不会影响制件的外观。由于点浇口的进料平面不在分型面上，而且点浇口为一倒锥形，所以模具必须专门设置一个分型面作为取出浇注系统凝料所用，因此出现了双分型面注射模。

　　本项目以直齿轮为载体来介绍双分型面注射模的典型结构及设计要点等知识，并完成以下几个方面的工作。

　　根据下图所示塑件零件图完成以下任务：根据提供的塑件零件图完成整套注射模具的设计。

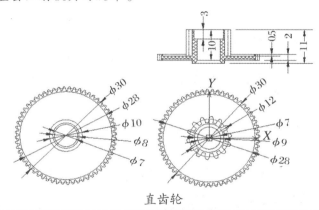

直齿轮

目标类型	目标要求
知识目标	(1)掌握双分型面注射模的典型结构及结构组成 (2)熟悉双分型面注射模浇注系统的设计特点 (3)能合理确定双分型面的位置 (4)掌握双分型面注射模具推出机构的原理与组成 (5)熟悉二次推出机构 (6)熟悉点浇口凝料的推出方法
技能目标	(1)能够设计中等复杂程度的双分型面注射模 (2)具备双分型面注射模的读图能力
情感目标	(1)具备自学能力、思考能力、解决问题能力与表达能力 (2)具备团队协作能力、计划组织能力及学会与人沟通、交流的能力 (3)能参与团队合作完成工作任务

任务一 双分型面注射模典型结构

 任务目标

(1)认识双分型面注射模结构。

(2)能通过装配图分析模具工作原理。

 任务分析

读如图3-1-2所示注射模装配图。读懂模具零件间的装配关系,读懂模具的动作。在此基础上填写模具组成零件清单表。

任务实施

(1)判断模具的分型面位置,分析工作原理。

(2)确定模具的结构组成。

(3)指出各零件的名称。

相关知识

两板式注射模结构简单,应用较广,但是其结构经常受到制件的形状、外观要求(浇口位置)等限制,在模具开启后只能从分型处取出制件,而不能取出流道中的废料。因此,为了解决这个问题,就需要在模具开启时,不仅动、定模在分型面处进行分离(取出制件),而且定模部分也必须进行一次分离,以取出流道中的废料。这种结构的模具简称三板式注射模。

三板式注射模主要用途如下:一模一腔点浇口进料的中、大型制品;一模多腔点浇口进料的制品;一模一腔多点浇口进料的制品。

三板式注射模不足之处如下:结构较两板式注射模复杂,制造难度及费用都要高于同样规格的两板式模具;三板式注射模结构的流道较长,会造成制品废料比例增高;在成型过程中,压力损失相对较高。

一、双分型面注射模组成(图3-1-1)

(1)成型零部件,包括凸模、中间板等;

(2)浇注系统,包括浇口套、中间板等;

(3)导向部分,包括导柱、导套、导柱和中间板与拉料板上的导向孔等;

(4)推出装置,包括推杆、推杆固定板和推板等;

(5)二次分型部分,包括定距拉板、限位销、销钉、拉杆和限位螺钉等;

(6)结构零部件,包括动模座板、垫块、支承板、型芯固定板和定模座板等。

二、双分型面注射模工作原理与设计要点

双分型面注射模具有两个分型面,如图3-1-1所示为弹簧分型拉板定距式双分型面注射模。

A 为第一分型面,分型后浇注系统凝料由此脱出;B 为第二分型面,分型后塑件由此脱出。

与单分型面注射模比较,双分型面注射模在定模部分增加了一块可以局部移动的中间板,所以也叫三板式(动模板、中间板、定模板)注射模。双分型面注射模常用于点浇口进料的单型腔或多型腔的注射模。开模时,中间板在定模的导柱上与定模板做定距分离,取出浇注系统凝料。

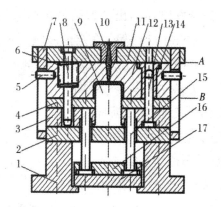

1-支架;2-支承板;3-型芯固定板;4-推件板;5-限位销;6-弹簧;7-定距拉板;8-中间板导柱;
9-凸模;10-浇口套;11-上模座板;12-中间板;13-导柱;14-导套;15-推杆;16-推杆固定板;17-推板

图3-1-1 弹簧分型拉板定距式双分型面注射模

1. 工作原理

开模时,注射机开合模系统带动动模部分后移,如图 3-1-1 所示。在弹簧6的作用下,模具先在 A 分型面分型,中间板12随动模一起后移,主流道凝料随之拉出。当动模部分移动一定距离后,固定在中间板12上的限位销5与定距拉板7左端接触,使中间板12停止移动。动模继续后移,B 分型面分型。因塑件包紧在凸模9上,这时浇注系统凝料在浇口处自行拉断,然后在 A 分型面自行脱落或由人工取出。动模部分继续后移,当注射机的推杆15接触推板17时,推出机构开始工作,推件板4在推杆15的推动下将塑件从型芯上推出,塑件在 B 分型面自行落下。

2. 设计注意事项

(1)浇口。

双分型面注射模使用的浇口一般为点浇口,横截面积较小,通道直径只有 0.5~1.5 mm,浇口过小,熔体流动阻力太大,浇口也不易加工;浇口过大,则浇口不容易自动拉断,且拉断后会影响塑件的表面质量。

(2)图 3-1-1 所示分型面 A 的分型距离应保证浇注系统凝料能顺利取出。

一般 A 分型面分型距离为:

$$s = s' + （3~5）mm$$

式中:s——A 分型面分型距离,单位为mm;

s'——浇注系统凝料在合模方向上的长度,单位为mm。

(3)导柱导向部分的长度。

一般的注射模中,动、定模之间的导柱既可设置在动模一侧,也可设置在定模一侧,视具体情况而定,通常设置在型芯凸出分型面最长的那侧。而双分型面注射模具,为了中间板在工作过程中的导向和支承,在定模一侧一定要设置导柱,如该导柱同时对动模部分导向,则导柱导向部分的长度应按下式计算:

$$L \geqslant s + H + h + （8~10）mm$$

式中:L——导柱导向部分长度,单位为mm;

s——A 分型面分型距离,单位为mm;

H——中间板厚度,单位为mm;

h——型芯凸出分型面距离,单位为mm。

如果定模部分的导柱仅对中间板进行支承和导向,则动模部分还应设置导柱,这样动、定模部分才能合模导向。如果动模部分是推件板脱模,则动模部分一定要设置导柱,用以对推件板进行支承和导向。在上述几种情况下,导柱导向部分的长度必须正确设计。

三、双分型面注射模特点

双分型面注射模具有两个分型面,也称为三板式注射模。

(1)采用点浇口的双分型面注射模可以把制品和浇注系统凝料在模内分离,为此应该设计浇注系统凝料的推出机构,保证将点浇口拉断,还要可靠地将浇注系统凝料从定模板或型腔中间板上脱离。

(2)为保证两个分型面的打开顺序和打开距离,要在模具上增加必要的辅助装置,因此模具结构较复杂。

任务评价

(1)读如图3-1-2所示模具,并将组成模具零件的名称、数量、零件分类、模具动作等,填写在表3-1-1相应栏目中。

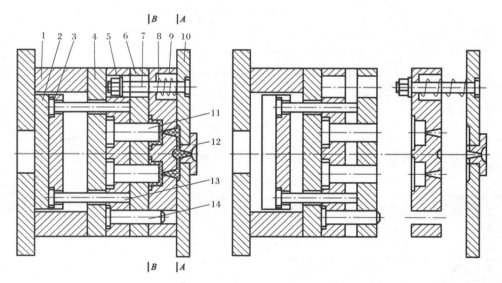

图3-1-2 端盖注射模

塑料模具结构

表3-1-1 端盖注射模零件明细及动作分析

零件号	零件名称	零件作用	零件号	零件名称	零件数量
1			14		
2					
3					
4					
5					
6					
7					
8					
9					
10					
11					
12					
13					
模具组成零件分类	机构系统零件:				
	成型零件:				
	浇注系统零件:				
	推出机构:				
	冷却系统:				
	模架零件:				
模具工作原理分析					

（2）根据单型腔注射模具装配图的结构组成分析情况进行评价，见表3-1-2。

表3-1-2 双分型面模具结构组成评价表

评价内容	评价标准	分值	学生自评	教师评价
零件名称	是否正确	30分		
零件作用	是否正确	30分		
零件分类	是否正确	15分		
模具工作原理	分析是否合理	15分		
情感评价	是否积极参与课堂活动、与同学协作完成任务情况	10分		
学习体会				

任务二 选择浇注系统

 任务目标

熟悉点浇口类型及尺寸确定方法。

 **任务分析**

浇口设计是模具浇注系统设计的重要内容之一,主要解决浇口形式、结构尺寸、进浇位置的确定,通过本任务的学习,了解点浇口的结构及尺寸。

任务实施

一、分析制品原材料的工艺性

1. 分析制品及材料工艺性

本制品采用了聚甲醛(POM),该材料是高密度、高结晶度的热塑性工程材料,具有良好的物理、机械和化学性能,尤其是具有优异的耐摩擦性能。该材料流动性中等,成型收缩率小,吸水性小,收缩率为0.2%~0.5%。通常情况下,聚甲醛成型前可不需要干燥,但对于比较潮湿的原料必须进行干燥,干燥温度在80℃以上,时间在2h以上。

2. 分析制品的结构、尺寸精度及表面质量

(1)结构分析。

从直齿轮的零件图可以看出,该直齿轮结构简单,没有侧向用凹槽和凸台,因此模具设计时不用考虑侧抽芯结构。该产品中心有台阶孔。

(2)尺寸精度分析。

该制品为传动零件,属于高精度等级,应取MT3级,特别是中间的台阶孔与外齿轮的同心度要求最高,因该位置的精度要求会影响到该制品的传动效果。

(3)表面质量分析。

由于齿轮啮合有很大的摩擦,因此,在外齿部位的表面粗糙度不能太粗,不得有熔接痕、气痕、飞边等缺陷。

二、模具结构设计

1.选择分型面(图3-2-1)

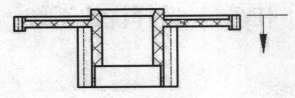

图3-2-1　分型面的选择

2.确定型腔的布局

本产品采用一模八腔的模具结构,如图3-2-2所示。

3.浇注系统

(1)主流道设计。为了缩短流道凝料的长度,采用了一体式主流道衬套,如图3-2-3所示。

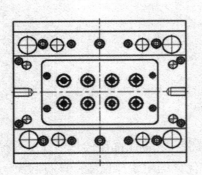

图3-2-2　型腔布局

图3-2-3　一体式主流道衬套

(2)分流道设计。为了保证型腔能够均衡进料,同时充满型腔,采用了平衡式的分流道排列形式,分流道截面形状为梯形,梯形截面尺寸为面宽6 mm,底宽5 mm,深度5 mm,如图3-2-4所示。

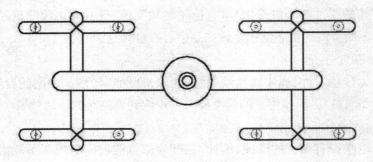

图3-2-4　分流道设计

（3）浇口设计。采用了圆形点浇口，每个塑件上设置三个点浇口，浇口直径 $d=\Phi1$ mm，$L=0.8$ mm，如图3-2-5所示。

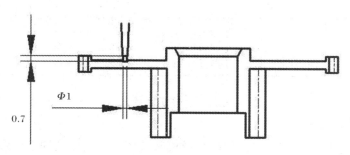

图3-2-5 浇口设计

（4）拉料杆设计。为了防止拉料杆阻碍熔体流动，拉料杆缩入中间板里面，采用 M12的无头螺丝固定，拉料杆采用了 $\Phi6$ mm的顶杆，其工作端形状为圆锥形，如图 3-2-6所示。

4. 推出机构设计

根据制品的结构设置，设计 $\Phi2.5$ mm推杆12根，如图3-2-7排布。

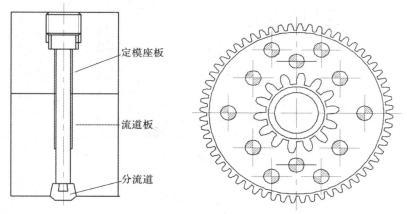

图3-2-6 拉料杆设计　　　　图3-2-7 推出机构设计

5. 成型零部件结构设计

成型零部件结构设计如图3-2-8所示。

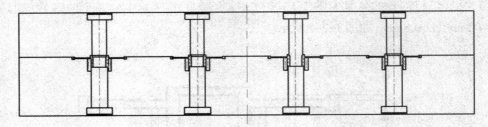

图3-2-8　成型零部件结构设计

6. 模架的选择

根据以上分析以及制件的尺寸,标准模架选用了龙记模架细水口系列DCI型标准模架。其型号为DCI3040-A60-B70-C90-200-0,如图3-2-9所示。

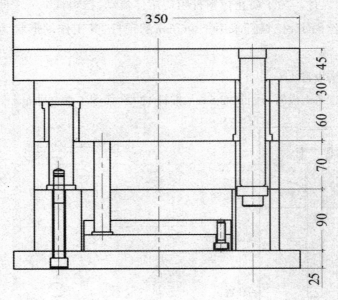

图3-2-9　标准模架

 **相关知识**

一、浇注系统设计

1. 点浇口

点浇口可以适用于各种形式的制品。浇口位置的选择有较大的自由度,浇口附近的残余应力较小,浇口能自行拉断,且浇口痕迹较小,尤其适用于圆筒形、壳形、盒形制品。常用于 ABS、PP、POM 等流动性好的塑料的成型,但不适用于流动性较差的塑料如 PC、PMMA、硬质 PVC 等的成型。对于大的平板类制品,可以设置多个点浇口,以减小制品的翘曲变形,如图 3-2-10 所示。

点浇口的缺点是浇口压力损失较大,多数情况下需采用三板式模具结构,浇注凝料较多。

图 3-2-10 多个点浇口

点浇口截面一般为圆形,其结构与尺寸如图 3-2-11 所示。在模腔与浇口的接合处采取倒角或圆弧,以避免浇口在开模拉断时损坏制品。

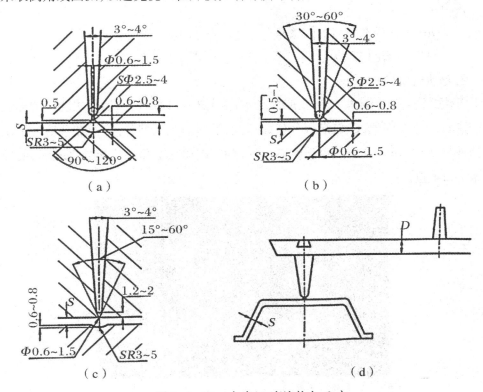

图 3-2-11 点浇口的结构与尺寸

点浇口能够在开模时被自动拉断,浇口疤痕很小不需修整,容易实现自动化。但采用点浇口进料的浇注系统,在定模部分必须增加一个分型面,用于取出浇注系统的凝料,模具结构比较复杂。

表3-2-1　点浇口的推荐值　　　　　　　　　　　　　　单位/mm

壁厚 塑料种类	<1.5	1.5～3	>3
PS、PE	0.5～0.7	0.6～0.9	0.8～1.2
PP	0.6～0.8	0.7～1.0	0.8～1.2
HIPS、ABS、PMMA	0.8～1.0	0.9～1.8	1.0～2.0
PC、POM、PPO	0.9～1.2	1.0～1.2	1.2～1.5
PA	0.8～1.2	1.0～1.5	1.2～1.8

点浇口的直径可参照表3-2-1,也可以采用下面的经验公式计算:

$$d = (0.14 \sim 0.2\sqrt{\delta A}) \tag{3-2-1}$$

式中:d——点浇口直径;

　　　δ——塑件在浇口处的壁厚;

　　　A——型腔表面积。

2. 潜伏式浇口

潜伏式浇口是点浇口的演变形式之一,如图3-2-12所示。潜伏式浇口的分流道位于模具的分型面上,浇口潜入分型面一侧,沿斜向进入型腔,这样在开模时不仅能自动剪断浇口,而且其位置可设在制品的侧面、端面或背面等隐蔽处,使制品的外表面无浇口痕迹。

图3-2-12　潜伏式浇口

如图3-2-13所示为常见潜伏式浇口的形式:图(a)为浇口开设在定模部分的形式;图(b)为浇口开设在动模部分的形式;图(c)为潜伏式浇口开设在推杆上部,而进料口在推杆上端的形式;图(d)为圆弧形潜伏式浇口。在潜伏式浇口形式中,图(a)、(b)两种形式应用最多;图(c)的浇口在塑件内部,因此其外观、质量好;图(d)用于高度比较小的制件,其浇口加工比较困难。

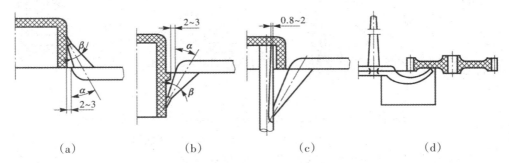

图3-2-13 常见潜伏式浇口的形式

潜伏式浇口一般为圆锥形截面,其尺寸设计可参考点浇口。如图3-2-13所示,潜伏式浇口的引导锥角β应取$10° \sim 20°$,对硬质脆性塑料β取大值,反之取小值。潜伏式浇口的方向角α愈大,愈容易拔出浇口凝料,一般α取$45° \sim 60°$,对硬质脆性塑料α取小值。推杆上的进料口宽度为$0.8 \sim 2$ mm,具体数值应根据塑件的尺寸确定。

采用潜伏式浇口的模具结构,可将双分型面模具简化成单分型面模具。潜伏式浇口由于浇口与型腔相连时有一定角度,形成了切断浇口的刃口,这一刃口在脱模或分型时形成的剪切力可将浇口自动切断,不过,对于较强韧的塑料则不宜采用。

二、浇注系统推出机构

1. 单型腔点浇口浇注系统凝料的自动推出

(1)带活动浇口套的挡板推出机构,如图3-2-14(a)所示。单型腔点浇口浇注系统的自动推出机构中,浇口套7以H8/f8的间隙配合安装在定模座板5中,外侧有压缩弹簧6,当注射机喷嘴注射完毕离开浇口套7后,压缩弹簧6的作用使浇口套与主流道凝料分离(松动)。开模后,挡板3先与定模座板5分型,主流道凝料从浇口套中脱出,当限位螺钉4起限位作用时,此过程分型结束,而挡板3与定模板1开始分型,直至限位螺钉2限位,如图(b)所示。接着动、定模的主分型面分型,挡板3将浇口凝料从定模板1中拉出并在自重作用下自动脱落。

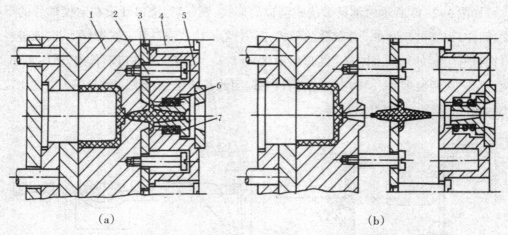

（a）　　　　　　　　　　　　　（b）

1-定模板；2,4-限位螺钉；3-挡板；5-定模座板；6-压缩弹簧；7-浇口套

图3-2-14　带活动浇口套的挡板推出机构

（2）带有凹槽浇口套的挡板推出机构，如图3-2-15(a)所示。点浇口凝料自动推出机构中，带有凹槽的浇口套7以H7/m6的过渡配合固定于定模板2上，浇口套7与挡板4以锥面定位。开模时，在弹簧3的作用下，定模板2与定模座板5首先分型，在此过程中，由于浇口套开有凹槽，可将主流道凝料先从定模座板5中带出来，当限位螺钉6起作用时，挡板4与定模板2及浇口套7脱模，同时浇口凝料从浇口中拉出并靠自重自动落下，如图(b)所示。定距拉杆1用来控制定模板2与定模座板5的分型距离。

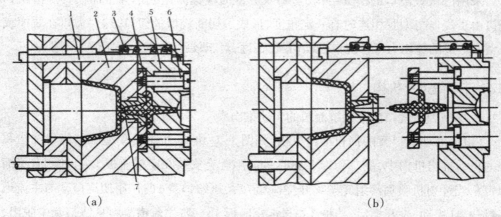

（a）　　　　　　　　　　　　　（b）

1-定距拉杆；2-定模板；3-弹簧；4-挡板；5-定模座板；6-限位螺钉；7-浇口套

图3-2-15　带有凹槽浇口套的挡板推出机构

2.多型腔点浇口浇注系统凝料的自动推出

（1）利用挡板拉断点浇口凝料。如图3-2-16所示为利用挡板推出点浇口浇注系统凝料的结构。图(a)是合模状态；开模时，挡板3与定模座板4首先分型，主流道凝料

在定模板2上倒锥穴的作用下被拉出浇口套5,浇口凝料连在塑件上留在定模板2内。当定距拉杆1的中间台阶面接触挡板3以后,定模板2与挡板3分型,挡板3将点浇口凝料从定模板2中带出,如图(b)所示。随后点浇口凝料靠自重自动落下。

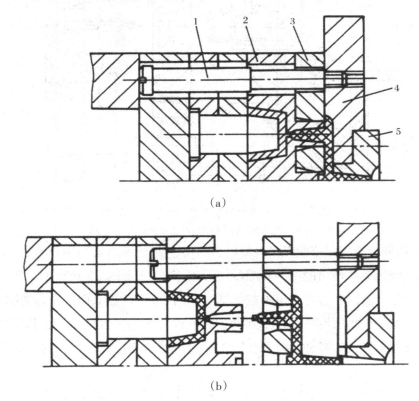

(a)

(b)

1-定距拉杆;2-定模板;3-挡板;4-定模座板;5-浇口套

图3-2-16 利用挡板拉断点浇口凝料机构

(2)利用拉料杆拉断点浇口凝料。如图3-2-17所示是利用设置在点浇口处的拉料杆拉断点浇口凝料的结构。开模时,模具首先在动、定模主分型面分型,浇口被点浇口拉料杆4拉断,浇注系统凝料留在定模中。动模后退一定距离后,在拉板7的作用下,分流道推板6与定模板2分型,浇注系统凝料脱离定模板2。继续开模时,由于拉杆1和限位螺钉3的作用,使分流道推板6与定模座板5分型,浇注系统凝料分别从浇口套及点浇口拉料杆4上脱出。

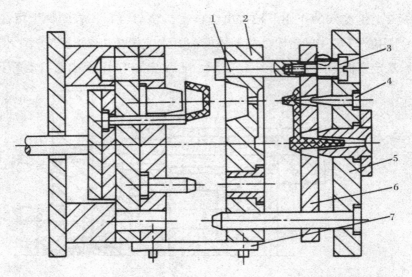

1-拉杆;2-定模板;3-限位螺钉;4-点浇口拉料杆;5-定模座板;6-分流道推板;7-拉板

图3-2-17　利用拉料杆拉断点浇口凝料机构

(3)利用分流道侧凹拉断点浇口凝料。如图3-2-18所示是利用分流道末端的侧凹将点浇口浇注系统推出的结构。图(a)是合模状态;开模时,定模板3与定模座板4之间首先分型,与此同时,主流道凝料被拉料杆1拉出浇口套5,而分流道端部的小斜柱卡住分流道凝料而迫使点浇口拉断并带出定模板3,当定距拉杆2起限位作用时,主分型面分型,塑件被带往动模,而浇注系统凝料脱离拉料杆1而自动落下,如图(b)所示。

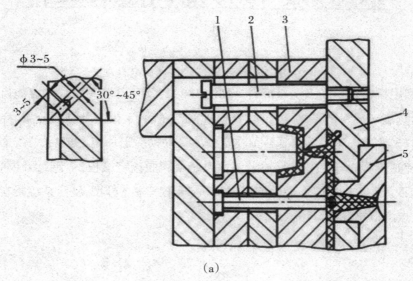

(a)

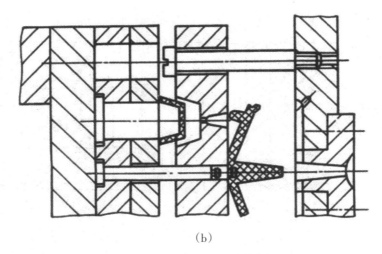

(b)

1-拉料杆;2-定距拉杆;3-定模板;4-定模座板;5-浇口套

图3-2-18 利用分流道侧凹拉断点浇口凝料机构

3.潜伏式浇口推出方式

根据进料口位置的不同,潜伏式浇口可以开设在定模,也可以开设在动模。开设在定模的潜伏式浇口,一般只能开设在塑件的外侧;开设在动模的潜伏式浇口,既可以开设在塑件的外侧,也可以开设在塑件内部的柱子或推杆上。

(1)开设在定模部分的潜伏式浇口。如图3-2-19所示为潜伏式浇口开设在定模部分塑件外侧的结构形式。开模时,塑件包在动模型芯4上从定模板6脱出,同时潜伏式浇口被切断,分流道、浇口和主流道凝料在倒锥穴的作用下拉出定模型腔而随动模移动,推出机构工作时,推杆2将塑件从动模型芯4上推出,而流道推杆1和主流道推杆将浇注系统凝料推出动模板5,浇注系统凝料最后由自重落下。在模具设计时,流道推杆动模应尽量接近潜伏式浇口,以便在分模时将潜伏式浇口拉出模外。

(2)开设在动模部分的潜伏式浇口。如图3-2-20所示为潜伏式浇口开设在动模部分塑件外侧的结构形式。开模时,塑件包在动模凸模3上随动模一起后移,分流道和浇口及主流道凝料由于倒锥穴的作用留在动模一侧。推出机构工作时,推杆2将塑件从动模凸模3上推出,同时潜伏式浇口被切断,浇注系统凝料在流道推杆1和主流道推杆的作用下推出动模板4而自动脱落。在这种形式的结构中,潜伏式浇口的切断、推出与塑件的脱模是同时进行的。在设计模具时,流道推杆1及倒锥穴也应尽量接近潜伏式浇口。

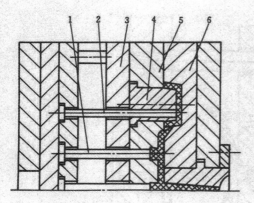

1-流道推杆;2-推杆;3-动模支承板;
4-动模型芯;5-动模板;6-定模板

图3-2-19　潜伏式浇口在定模的结构

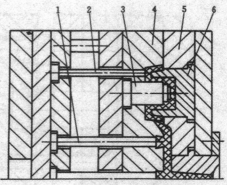

1-流道推杆;2-推杆;3-动模凸模;
4-动模板;5-定模板;6-定模型芯

图3-2-20　潜伏式浇口在动模的结构

（3）开设在推杆上的潜伏式浇口。如图3-2-21所示为潜伏式浇口开设在推杆上的结构形式。开模时,包在动模板5上的塑件和被倒锥穴拉出的主流道及分流道凝料一起随动模移动,当推出机构工作时,塑件被推杆2从动模板5上推出脱模,同时潜伏浇口被切断,流道推杆4和6将浇注系统凝料推出模外而自动落下。这种浇口与前两种浇口不同之处在于塑件内部上端增加了一段二次浇口的余料,需人工将余料剪掉。

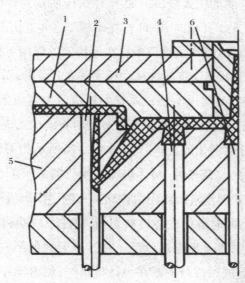

1-定模板;2-推杆;3-定模座板;4,6-流道推杆;5-动模板

图3-2-21　潜伏式浇口在推杆上的结构

任务评价

(1)根据如图3-2-22所示的塑料壳体,确定该零件的模具结构尺寸、浇注系统的结构及尺寸,浇口为点浇口。

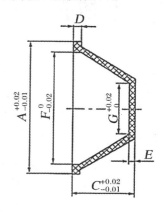
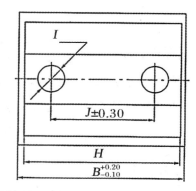

技术要求:1.塑件不允许有裂纹,变形;2.脱模斜度30′~1°;3.未注倒角R2~R3。

图号	材料	尺寸序号									
		A	B	C	D	E	F	G	H	I	J
01	PS	60	80	25	4	3	45	20	74	12	35
02	ABS	100	120	45	5	4	85	40	114	20	75

图3-2-22 塑料壳体相关尺寸

(2)根据浇注系统结构及尺寸确定情况进行评价,见表3-2-2。

表3-2-2 塑料壳体模具结构设计评价表

评价内容	评价标准	分值	学生自评	教师评价
模具结构设计	是否合理	50分		
主流道结构及尺寸	是否合理	10分		
分流道结构及尺寸	是否合理	10分		
浇口类型及尺寸	是否合理	10分		
查阅资料	是否能够根据需要查阅手册、电子资源等	10分		
情感评价	是否积极参与课堂活动、与同学协作完成任务情况	10分		
学习体会				

任务三 设计顺序分型机构

 任务目标

(1)熟悉常见拉紧机构和定距机构类型。

(2)能够根据模具结构确定合适的拉紧和定距机构。

 任务分析

顺序定距分型拉紧机构就是根据塑件脱模或侧抽芯的某些特殊要求,在开模时按预定的顺序,先在某一分型面开模至一定距离,之后在第二分型面、第三分型面按一定顺序开模到一定距离后依次打开。通过本任务的学习熟悉常用定距机构及拉紧机构的形式,并能根据模具要求进行设计。

任务实施

(1)开闭器的选择:本案例选用Φ16 mm的尼龙扣作为开闭器。该尼龙扣的螺钉固定在动模板上,并且在动模板上有一个3 mm的沉孔;在定模板上加工一个Φ16 mm沉孔,沉孔的深度要比尼龙扣的长度长出3 mm以上,并且为了防止开模时由于Φ16 mm的沉孔闭气,令尼龙扣无法分开,需要在Φ16 mm的沉孔中间加工一个Φ3~Φ4 mm的通孔。

(2)定距装置的设计:在选择定距装置之前,首先计算流道凝料的总长度,流道总长度是注射机喷嘴到点浇口的长度,这中间经过了定模的三块板,分别是定模座板、中间板和定模板,将定模三块板厚度相加计算出流道的总长度为90 mm。第一分型面(A–A)的分型距离L至少要比流道凝料的总长度长5 mm。本案例中取L=95 mm,L_1=12 mm。如图3-3-1所示。

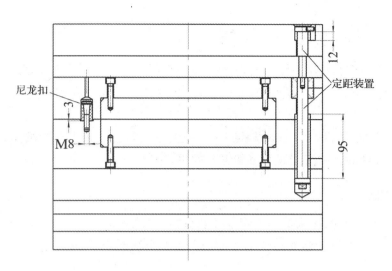

图 3-3-1 拉紧机构及定距装置设置

（3）绘制模具总装配图，如图 3-3-2 所示。

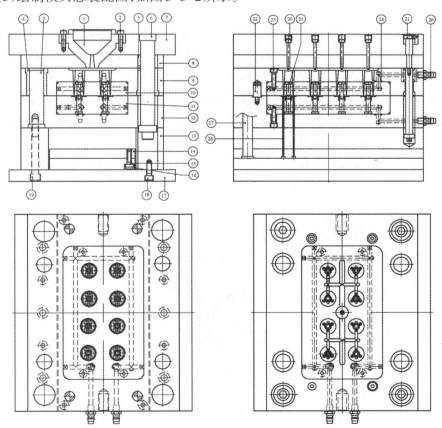

图 3-3-2 模具总装配图

相关知识

在设计顺序定距分型机构时,必须首先分析各分型面开模时承受阻力状况。当某个分型面的开模阻力较小而又不允许首先开模时,就应该在该分型面上设置顺序分型机构。

定距分型拉紧机构的基本结构:一个是定距机构,另一个是拉紧机构。只有两者动作配合,才能获得顺序定距分型的良好效果。

一、定距方式

顺序定距分型机构常用的定距方式如图3-3-3所示。

图(a)是限位杆定距的结构形式。当分型面分型到定距L时,动模与限位杆台肩相碰而阻止其移动。

图(b)是止动销插入导柱的长槽中,开模到定距L时,长槽拉住设在动模上的止动销而迫使动模停止移动。

图(c)是用固定在导柱上的挡块实现定距的。图(b)和图(c)两种方式都是在导柱起到导向作用的同时,利用其与模板的相对位置起到定距的目的,因此它们是结构紧凑、定距可靠的定距方式,在实践中应用很广泛。

图(d)和图(e)都是采用固定在定模上的定距拉板的内槽底部与设在动模上的圆柱止动销在模板相对位时的相碰,使动模定距移动的,只不过其止动销一种在模体表面,而另一种含在定距拉杆内部。

图(f)的定距拉板是"T"形的,当"T"形拉板的凸肩与安装在动模上的止动销相碰时,实现动模与定模的定距移动。

图(g)是将分别安装在定模、动模上的拉钩,在分型面分型时,模板间的相对移动使两拉钩相碰,而拉住动模使其停止移动的。

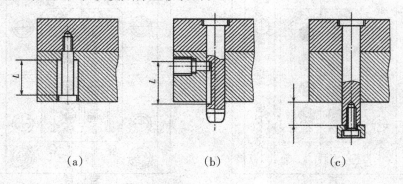

| (a) | (b) | (c) |

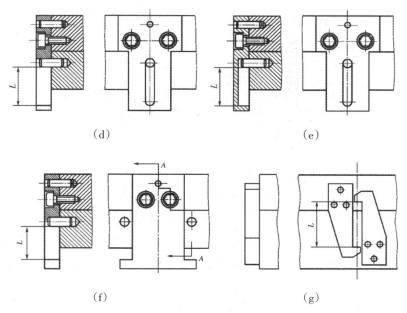

图3-3-3 顺序定距分型机构常用的定距方式

二、拉紧机构的基本形式

模具拉紧机构的种类很多,但总的来说其基本结构形式可大体归纳为五类,在实际应用中,在其基本机构形式的基础上加以发挥和变通。

拉紧机构的基本形式如图3-3-4所示。

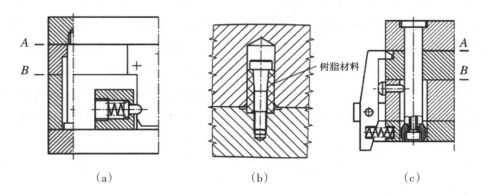

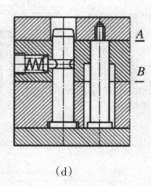
(d)

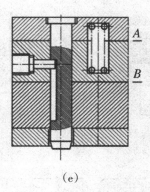
(e)

图 3-3-4　顺序定距分型的拉紧方式

图(a)是扣机式拉紧机构,它是将拉板安装在定模板上,扣机机构安装在动模板上,其弹顶销在弹簧的弹力作用下,扣住拉板上的凹槽而锁住两模板,从而开模时,从A处首先分型,开模到一定距离后,限位杆拉住定模板,在开模力作用下,拉开扣机机构,使弹顶销脱开拉板,从B处主分型面分型,实现顺序分型。

合模时,拉板前端的斜面是在锁模力的作用下,克服扣机内弹簧的阻力实现锁紧的。这种拉紧机构结构简单,模具成本低,占用空间较小,由于还可以通过螺栓来调节其锁紧力,从而可以产生较大的锁紧力,动作稳定可靠,应用越来越广泛。

图(b)是尼龙锁式拉紧机构,利用摩擦力限制动模板与流道板之间的运动。通过调节螺钉的斜度,使模板与尼龙锁之间产生摩擦力,从而起到减缓模板开启的作用。

图(c)是用拉钩锁紧模板的。它是将拉钩安装在动模板上,并可以沿轴心摆动。其拉钩在弹簧力作用下将定模板锁住。开模时首先从A处分型,当带圆锥面的挡块与圆头销相碰时,在锥面作用下,顶住圆头销外移,促使拉钩做逆时针方向转动,并脱开定模板,而导柱和锥块组成的定距机构起定距作用,从而从B处的主分型面分型。

合模时,当圆头销离开锥块时在弹簧的作用下,拉钩准确复位。

图(d)是导柱制动销式拉紧机构。安装在定模板上的制动销在弹簧的作用下插入动模导柱上的圆弧槽,将动模、定模锁紧。当开模时,首先从A处分型,之后在限位杆作用下将定模拉住,开模力将制动销从导柱圆弧槽中强行拉出,从主分型面B处分型。

这种结构借用导柱的导向作用实现锁紧,其结构简单、紧凑,只是其锁紧力相对较小,故适用于锁紧力不大的小型模具。

图(e)是利用弹簧的推力达到顺序分型的。弹簧安装在预定首先开模的定模座板和定模分型面制件上。开模时,弹簧推动动模板后移,即弹簧推力起到定模与动模间的强制分型作用,从而首先从A处分型。开模至需要的距离时,插在定模导柱长槽中的止动销将定模拉住,从而从B分型面分型。

该结构适用于B处分型阻力较大时取出浇注凝料的结构中。

由于弹簧的推力,使模具在放置时不能完成合模,因此应增加活动挂钩,在卸模前将分型面锁紧放置。

三、双分型面注射模典型结构

设计顺序定距分型时,应考虑各分型面的分型阻力状况。因此应注意在哪个分型面上设置顺序定距分型机构,是否必须同时设置拉紧机构和定距机构。比如说,两个分型面的开模阻力相差较大,而首先应该从开模阻力较小的分型面分型,那么,只设置它的定距机构就能满足要求时,就不必在开模阻力较大的分型面上设置拉紧机构。

1. 搭钩定距式双分型面注射模(图3-3-5)

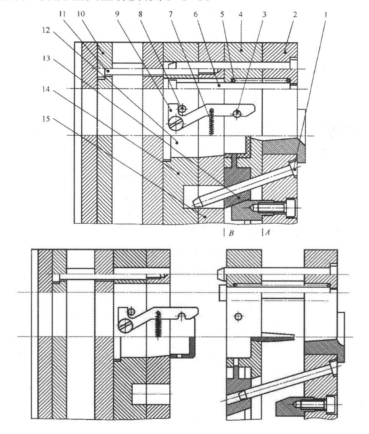

1-斜导柱;2-定模座板;3-拉销;4-定模;5-弹簧;6-限位杆;7-拉簧;8-限位销;
9-拉钩;10-顶板;11-顶杆;12-主型芯;13-侧滑块;14-动模;15-推件板

图3-3-5 搭钩定距式双分型面注射模

2.导柱定距式双分型面注射模(图3-3-6)

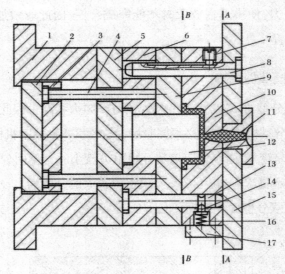

1-支架;2-推板;3-推杆固定板;4-推杆;5-支承板;6-型芯固定板;7-定距螺钉;8-定距导柱;
9-推件板;10-中间板;11-浇口套;12-型芯;13-导柱;14-顶销;15-定模板;16-弹簧;17-压块

图3-3-6　导柱定距式双分型面注射模

3.摆钩分型螺钉定距双分型面注射模(图3-3-7)

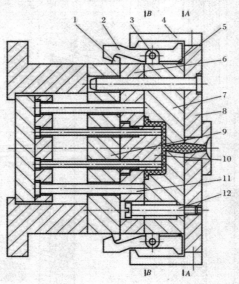

1-挡块;2-摆钩;3-转轴;4-压块;5-弹簧;6-推件板;7-中间板;
8-定模板;9-支承板;10-型芯;11-推杆;12-限位螺钉

图3-3-7　摆钩分型螺钉定距双分型面注射模

任务评价

（1）根据图3-2-22所示的塑料壳体，确定该零件的定距分型机构，绘制壳体的总装配图。

（2）根据定距分型机构的设计情况以及总装配图绘制情况进行评价，见表3-3-1。

表3-3-1 定距分型机构设计及总装配图绘制评价表

评价内容	评价标准	分值	学生自评	教师评价
拉紧机构设计	是否合理	15分		
定距机构设计	是否合理	15分		
模具总装配图绘制	是否合理	50分		
浇口类型及尺寸	是否合理	10分		
情感评价	是否积极参与课堂活动、与同学协作完成任务情况	10分		
学习体会				

项目四　水杯模具结构设计

当塑件侧面(不与分型面平行的面)带有与开、合模方向不同的孔、凹穴或凸台时,如下图所示,在成型后需要将成型这部分的零件在塑件脱模之前抽出。因此该处的成型零件必须做成可侧向移动的。

本项目通过完成下图塑料水杯的模具设计熟悉侧向分型与抽芯机构及其尺寸。

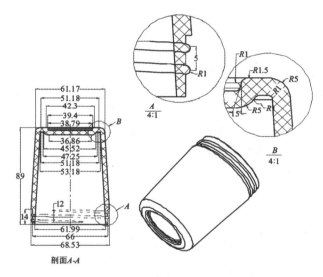

水杯

目标类型	目标要求
知识目标	(1)掌握抽芯距的计算方法 (2)掌握斜导柱分型与抽芯机构的动作原理 (3)掌握斜导柱分型与抽芯机构的设计要点 (4)掌握斜导柱分型与抽芯机构的各种形式的结构
技能目标	(1)能够设计中等复杂程度的侧向分型与抽芯注射模 (2)具备侧向分型与抽芯注射模的读图能力
情感目标	(1)具备自学能力、思考能力、解决问题能力与表达能力 (2)具备团队协作能力、计划组织能力及学会与人沟通、交流的能力,能参与团队合作完成工作任务

任务一 侧向分型与抽芯注射模典型结构

 任务目标

(1)熟悉侧向分型与抽芯注射模具结构组成及各部件作用。

(2)能根据模具装配图分析其工作原理。

任务分析

侧向分型与抽芯注射模具是注射模具中的一种,主要是用于当塑件侧面带有与开模、合模方向不同的孔、凹穴或凸台时。通过本任务的学习,熟悉侧向分型抽芯机构的组成,知道与其他类别模具的不同之处。

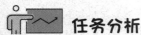 **任务实施**

(1)分析侧向分型与抽芯注射模具的工作原理。

(2)熟悉侧向抽芯机构的组成。

(3)分析各组成零件的作用。

(4)绘制侧向分型与抽芯模具装配图草图。

相关知识

一、侧向分型与抽芯机构的分类

按分型与抽芯的动力来源可分为手动、机动、液压或气动三大类。

1.手动侧向分型与抽芯机构

在开模前,依靠人力推动传动机构将侧型芯或镶块取出,如图4-1-1所示。该类型抽芯机构的优点是模具结构简单,制造方便,模具成本低。缺点是生产率低,劳动强度大,且抽拔力受到人力限制。该机构通常适用于小批量生产。

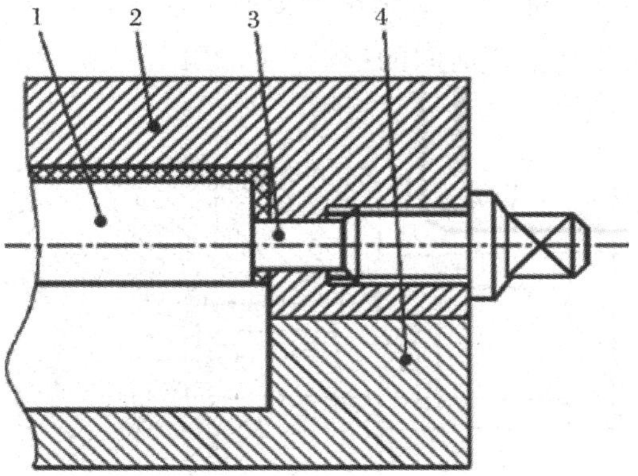

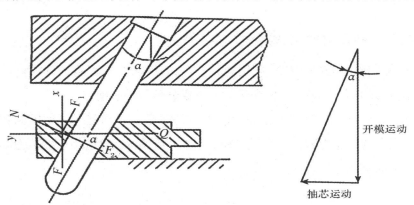

1-主型芯;2-定模;3-侧型芯;4-动模

图4-1-1　模内手动抽芯

2. 机动侧向分型与抽芯机构

在开模时,利用注射机的开模力,通过抽芯机构机械零件的传动将力作用于侧向成型零件,从而改变其移动方向,使其侧向分型与抽芯,如图4-1-2所示。合模时,一般依靠抽芯机构机械零件使侧向成型零件复位。机动抽芯机构的结构比较复杂,但其具有较大的抽芯力和抽芯距,动作可靠,操作简便,生产效率高,容易实现自动化操作。

图4-1-2　直线运动的转换

3. 液压或气动侧向分型与抽芯机构

这种机构以液压力或压缩空气作为动力进行分型与抽芯。一些新型的注射机本身已设置了液压抽芯装置,使用时只需将其与模具中的侧向抽芯机构连接,调整后就可以实现抽芯。

液压或气动侧向分型与抽芯机构的特点是传动平稳,抽芯力和抽芯距较大。由于液压或气动抽芯机构是靠一套控制系统控制液压缸或气缸的活塞来回运动进行的,所以其抽芯动作可不受开模时间的影响。如图4-1-3所示。

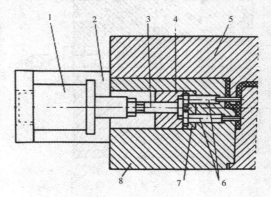

1-液压缸;2-支架;3-连杆;4-滑块;5-定模;6-侧型芯;7-侧型芯固定板;8-动模

图 4-1-3　液压侧向分型与抽芯机构

液压或气动侧向分型与抽芯机构当抽拔力大、抽芯距很长的时候,采用液压侧向分型与抽芯更为方便,例如,大型管子塑件、三通等塑料关键的大型注射模的抽芯等,但成本较高。一般抽芯距在45 mm以下采用机械抽芯,超过该值时则需要采用液压抽芯机构。

二、斜导柱侧向分型与抽芯机构的结构及工作过程

斜导柱侧向分型与抽芯机构利用斜导柱等传动零件,把垂直的开模运动传递给侧型芯或侧向成型块,使之产生侧向运动并完成分型与抽芯动作。

这类机构结构简单,制造方便,动作安全可靠,是设计和制造注射模抽芯时最常用的机构,但它的抽芯力和抽芯距受到模具结构的限制,一般适用于抽芯力不大及抽芯距小于60 mm的场合。

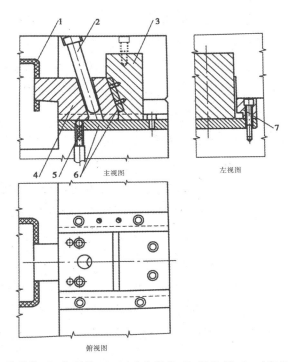

1-制件;2-斜导柱;3-楔紧块;4-侧型芯滑块;5-限位销;6-耐磨板;7-导滑槽

(a)侧向分型与抽芯机构三视图

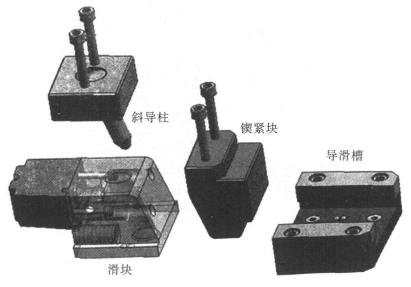

(b)侧向分型与抽芯机构立体图

图4-1-4 斜导柱侧向分型与抽芯机构

1.斜导柱侧向分型与抽芯机构的组成

斜导柱侧向分型与抽芯机构主要由斜导柱2、侧型芯滑块4、导滑槽7、楔紧块3和限位销5等组成,如图4-1-4(a)所示。为了延长模具使用寿命,还可采用耐磨板6。

斜导柱2又叫斜销,它靠开模力来驱动,从而产生侧向抽芯力,迫使侧型芯滑块在导滑槽内向外移动,达到侧向分型与抽芯的目的。

侧型芯滑块4是成型塑件上侧凹或侧孔的零件,滑块与侧型芯既可做成整体式,也可做成组合式。

导滑槽7是维持滑块运动方向的支承零件,要求滑块在导滑槽内运动平稳,无上下窜动和卡紧现象,使型芯滑块在抽芯后保持最终位置的限位装置由弹簧和钢珠组成,它可以保证合模时斜导柱能很准确地插入滑块的斜孔,使滑块复位。

楔紧块3是合模装置,其作用是在注射成型时,承受滑块传来的侧推力,以免滑块产生位移或使斜导柱因受力过大产生弯曲变形。为了延长模具寿命,还可以采用耐磨板6。无论采用何种方式的侧向分型与抽芯机构,这几个部分都是必须存在的。

2.斜导柱侧向分型与抽芯机构的工作过程

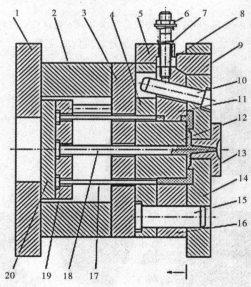

1-动模座板;2-垫块;3-支承板;4-动模板;5-挡块;6-螺母;7-弹簧;
8-滑块拉杆;9-楔紧块;10-斜导柱;11-侧型芯滑块;12-型芯;13-浇口套;
14-定模座板;15-导柱;16-定模板;17-推杆;18-拉料杆;19-推杆固定板;20-推板

图4-1-5 斜导柱侧向分型与抽芯机构的基本结构

斜导柱侧向分型与抽芯机构的基本机构如图4-1-5所示。图中的塑件有一侧通孔,开模时,动模部分向后移动,开模力通过斜导柱10驱动侧型芯滑块11,迫使其在动模板4的导滑槽内向外滑动,直至滑块与塑件完全脱开,完成侧向抽芯动作。这时塑件包在型芯12上随动模继续后移,直到注射机顶杆与模具推板接触,推出机构开始工作,推杆17将塑件从型芯12上推出。合模时,复位杆使推出机构复位,斜导柱使侧型芯滑块11向内移动复位,最后由楔紧块9锁紧。

三、侧向分型与抽芯机构的相关计算

1. 抽芯距的确定

侧向型芯或侧向瓣合模块从成型位置到不妨碍塑件顶出脱模位置移动的距离称为抽芯距,用S表示。

抽芯距一般等于侧孔或侧凹的深度加上$2 \sim 3$ mm。对于圆形绕线骨架,其抽芯距并不等于塑件侧凹的深度。如图4-1-6所示,其抽拔距必须保证侧向瓣合模开模时,小型腔移出一定距离后,不妨碍塑件上最大的直径的顺利脱出。即侧向瓣合模块上的A_0点抽出大于塑件外部边缘的A_1点时塑件才能顺利脱出。

这时的抽芯距$S_1 = \sqrt{R^2 - r^2}$,那么$S = S_1 + (2 \sim 3)$mm,即$S = \sqrt{R^2 - r^2} + (2 \sim 3)$mm。

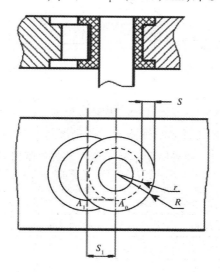

图4-1-6 线圈抽芯距计算

2. 抽芯力的确定

由于塑件包紧侧向型芯或黏附在侧向型腔上,因此在各种类型的侧抽芯机构中会遇到抽拔阻力,抽拔力必须要大于抽拔阻力。侧向抽拔力可按式4-1-1计算,即

$$F_1 = Ap\ (\mu\cos\alpha - \sin\alpha) \tag{4-1-1}$$

式中：F_1——抽芯力，单位为 N；

A——塑件包紧型芯的侧面积，单位为 mm^2；

p——塑件对侧型芯的收缩应力产生的压强，其值与塑件的几何形状及塑料的品种、成型工艺有关，一般情况下模内冷却的塑件，$p=8\sim12$ MPa，模外冷却的塑件，$p=23\sim39$ MPa；

μ——塑料在热状态时对钢的摩擦系数，一般 $\mu=0.15\sim0.2$；

α——侧型芯的脱模斜度或倾斜角，单位为°。

任务评价

（1）根据所学知识绘制塑料防护罩（图4-1-7）模具装配图草图，并写出模具组成、零件名称及工作原理。

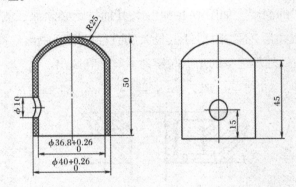

图4-1-7　塑料防护罩

（2）根据塑料防护罩模具装配图草图的绘制情况进行评价，见表4-1-1。

表4-1-1　塑料防护罩注射模具装配图草图评价表

评价内容	评价标准	分值	学生自评	教师评价
模具装配图草图绘制	结构是否完整、正确	60分		
模具组成	是否正确	10分		
零件名称	是否正确	10分		
工作原理分析	是否合理	15分		
情感评价	是否积极参与课堂活动、与同学协作完成任务情况	5分		
学习体会				

任务二　设计侧向分型与抽芯机构

任务目标

(1)熟悉侧向分型与抽芯机构的组成。

(2)能够合理设计侧向分型与抽芯机构。

任务分析

根据项目四开篇描述的水杯零件图以及任务一中设计的总体结构方案,设计模具的侧向分型与抽芯机构。

任务实施

一、侧向分型与抽芯机构类型选择

根据项目四开篇描述的水杯零件图可知,本制件外侧带有螺纹,故采用滑块机构来成型,从产品的尺寸可知可采用斜导柱驱动动作,直接采用开模力实现。由于螺纹是在动模一侧,因此,选择斜导柱在定模、侧抽芯滑块在动模的斜导柱侧向分型与抽芯机构。

二、斜导柱侧向分型与抽芯机构的计算

1. 抽芯距计算

计算公式:$S_{抽} = h + (2 \sim 3)\text{mm} \geqslant 4\text{mm}$。

2. 抽芯力计算

$F_1 = AP\ (\mu\cos\alpha - \sin\alpha) = 1826 \times 10 \times (0.2 \times \cos1° - \sin1°) = 3286.8(\text{N})$。

3. 滑块、斜导柱倾斜角的设计

斜导柱倾斜角是斜导柱抽芯机构的主要技术参数,它与抽芯距、抽芯力有直接关系(图4-2-1),斜导柱的倾斜角α值一般取12°～25°,本例中取α=12°,因此,滑块、楔紧

块的倾斜角取$\alpha' = 15°$。

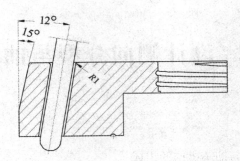

图4-2-1 滑块、斜导柱倾斜角计算

三、侧向分型与抽芯机构的设计

1. 滑块的设计

（1）滑块的设计。

侧向抽芯机构主要用于成型零件的侧向抽芯，本案例采用"T"形整体式滑块式结构。其结构如图4-2-2所示。

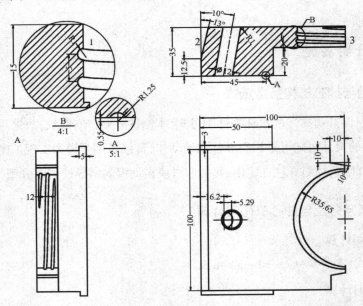

零件名称	滑块	材料		单位	比例		图号
				mm	1:1		
绘制/日期	XX	公差					
绘制/日期	XX	角度			XX 模具公司		
绘制/日期	XX	视觉					

图4-2-2 滑块的设计

（2）滑块的定位装置设计，如图4-2-3所示。

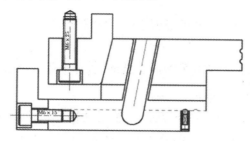

图4-2-3　滑块的定位装置设计

2.斜导柱的设计

（1）斜导柱的形状设计。

斜导柱的形状采用了圆形，其工作端的端部采用了球形形状。

（2）斜导柱的直径设计。

斜导柱的直径取10 mm。

 **相关知识**

一、抽芯件的设计

抽芯件是滑块横向运动的动力元件，为侧型芯提供侧面运动的动力。常见的抽芯件有斜导柱、斜弯销、液压缸、"T"形斜槽抽芯件等。下面主要介绍斜导柱抽芯件。

1.斜导柱的结构形式

斜导柱的形状如图4-2-4所示。

工作端可以是锥台形，也可以是半球形。设计成锥台形时，其斜角θ应大于斜导柱倾斜角α，一般$\theta = \alpha + (2° \sim 3°)$，以避免斜导柱工作长度（$L$）脱离滑块斜孔后，斜导柱头部对滑块仍有驱动作用。

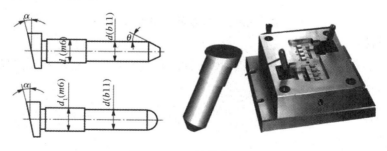

图4-2-4　斜导柱形状

斜导柱固定端与模板之间可采用H7/m6过渡配合。斜导柱工作部分与滑块上斜导孔之间采用H11/b11或两者之间采用0.4~0.5 mm的大间隙配合。斜导柱的表面粗糙度 $Ra=0.8\mu m$。

斜导柱的材料多为T8、T10等碳素工具钢,也可采用20钢渗碳处理。热处理要求硬度≥55HRC,表面粗糙度≤$Ra0.8$。

斜导柱的安装方式如图4-2-5所示。图(a)结构稳定性较好,宜用于模板较薄,且上固定板与定模板不分开,配合面较长的情况;图(b)结构稳定性较好,宜用于模板较厚,模具空间较大的情况,且两板模、三板模可使用,配合面长度$L≥1.5D$(D为斜导柱直径),但该结构稳定性不好,加工困难;图(d)结构稳定性较好,宜用于模板较薄、上固定板与定模板可分开、配合面较长的情况。

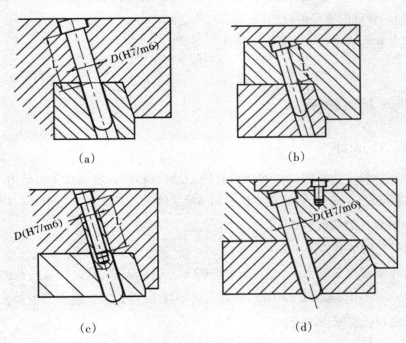

图4-2-5　斜导柱的安装方式

2.斜导柱长度的计算

如图4-2-6所示,斜导柱的总长度与抽芯距 S 、抽拔角α、斜导柱固定板厚度有关。斜导柱的总长度:

$$L_z = L_1 + L_2 + L_3$$

$$= \frac{H_1}{\cos\alpha} + \frac{S}{\sin\alpha} + (5\sim10) \text{mm}$$

式中：L_z——斜导柱总长度；

　　　L_1——斜导柱安装长度；

　　　L_2——斜导柱有效长度；

　　　L_3——斜导柱引导长度；

　　　H_1——斜导柱固定板厚度。

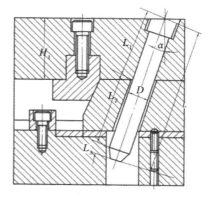

图 4-2-6　斜导柱

3. 斜导柱的直径及倾斜角计算

（1）倾斜角。

倾斜角 α 是斜导柱抽芯机构的一个重要参数，不仅决定了开模行程和斜导柱长度，还对斜导柱的受力状况也有重要影响。当 α 值增大时，斜导柱所承受的弯曲力越大，为了确保斜导柱的强度、刚度，斜导柱的直径将会增加；当 α 值过小时，为了保证足够的抽芯距离，斜导柱工作部分的长度及开模行程将会增大。它们之间关系如下：

$$Q = \frac{F_{通}}{\cos\alpha}; \tag{4-2-2}$$

$$L_2 = \frac{S}{\sin\alpha}; \tag{4-2-3}$$

$$H = S \cdot \cot\alpha; \tag{4-2-4}$$

式中：Q——弯曲力；

　　　$F_{通}$——抽芯力；

　　　L_2——斜导柱有效长度；

　　　α——倾斜角；

　　　H——完成抽芯时所需要的开模行程。

倾斜角的尺寸一般按经验确定，一般在 12°～25°范围内，最大不超过 30°，否则容易自锁，也可查表 4-2-1。

表 4-2-1　倾斜角的经验值

抽芯距 S/mm	≤6	6～18	18～35	35～45
倾斜角 α	15°～18°	18°～22°	20°～24°	22°～25°

（2）斜导柱直径。

为了承受所需的弯曲力，斜导柱其直径尺寸 D 可以通过材料力学公式获得，如式 4-2-5 所示。

$$D = \sqrt[3]{\frac{F_{通}L_4}{0.1\,[\sigma]\cos\alpha}} \qquad\qquad (4\text{-}2\text{-}5)$$

式中：$F_{通}$——抽芯力，单位为 N；

$\qquad$ L_4——斜导柱的有效长度，单位为 mm；

$\qquad$ $[\sigma]$——斜导柱材料的弯曲许用应力，单位为 MPa；

为了简化设计步骤，斜导柱直径可以查阅表 4-2-2。

表 4-2-2 斜导柱相关尺寸

倾斜角 α/°	抽芯距 S/mm	滑块宽度 W/mm	斜导柱个数/个	斜导柱直径 D/mm
10~20	3~18	≤50	1	$\Phi 8 \sim \Phi 12$
		50~100	1	$\Phi 10 \sim \Phi 16$
		100~150	2	$\Phi 10 \sim \Phi 16$
		150~250	2	$\Phi 16 \sim \Phi 20$
20~25	18~45	≤50	1	$\Phi 12 \sim \Phi 16$
		50~100	1	$\Phi 16 \sim \Phi 20$
		100~150	2	$\Phi 16 \sim \Phi 20$
		150~250	2	$\Phi 20 \sim \Phi 25$

二、滑块的设计

滑块既可以与型芯做成一个整体，也可采用组合装配结构。如图 4-2-7 所示为整体式侧滑块立体图。

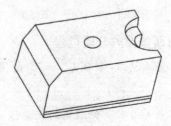

图 4-2-7 整体式侧滑块立体图

1. 滑块与侧型芯的连接

成型部分是指滑块及侧型芯。不同成品滑块与侧型芯镶件间的连接方式不同，如图 4-2-8 所示。

图（a）采用整体式结构，一般适用于型芯较大，强度较好的场合；

图（b）采用燕尾连接，用于型芯较大的场合；

图(c)采用螺钉固定形式,用于型芯呈方形结构且型芯不大的场合;

图(d)采用销钉固定,用于薄型芯的固定;

图(e)用螺钉固定,用于圆形小型芯的固定;

图(f)采用压板固定,用于多个型芯的固定。

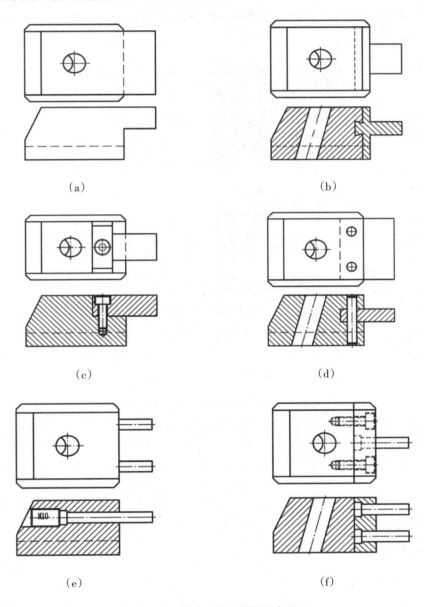

图 4-2-8 滑块与侧型芯的连接

2. 滑块的结构及相关尺寸

滑块的基本机构如图4-2-9所示,安装定位面时,锁紧面以及导向面是其结构的基本组成。

$$L=(1.5\sim2)H \qquad W=A+2B \qquad L_s \geqslant 10 \text{ mm}$$

滑块台肩高度T的尺寸与导滑槽的配合形式有关,若采用整体式导滑槽滑块,其相关尺寸见表4-2-3。

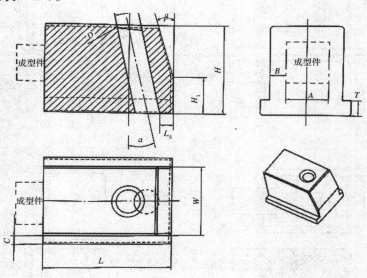

α—倾斜角;β—楔紧角;D—斜导孔;H_1—滑块导向高度;H—滑块高度;L_s—侧壁厚;B—滑块最小壁厚(封胶面);A—制件侧凹尺寸;T—台肩的高度;C—台肩宽度;W—滑块宽度;L—滑块长度

图4-2-9 滑块基本结构

表4-2-3 常用滑块的相关尺寸   单位/mm

A	B	H	H_1	T	C	L
≤50	8	20~35	21	5	5	35~60
50~100	11~12	30~50	21	5	5	60~80
100~150	12~14	40~60	21	8	8	60~100

三、导滑槽的设计

1. 导滑槽的结构

在设计导滑槽时应确保滑块在导滑槽中滑动平稳,不应有上下窜动或卡紧现象,一般多做成"T"形导滑槽。导滑槽可以做成整体式,也可以做成组合式,多做成组合式。

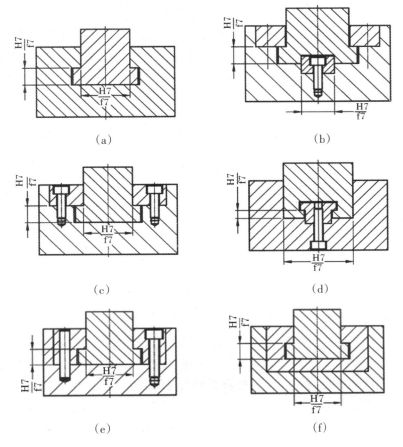

（a）　　　　　　　　　　　　（b）

（c）　　　　　　　　　　　　（d）

（e）　　　　　　　　　　　　（f）

图4-2-10　导滑形式

斜导柱侧向分型与抽芯机构工作时侧滑块是在导滑槽内按一定的精度和沿一定的方向往复移动的零件。根据侧型芯的大小、形状和要求不同，以及各工厂的使用习惯不同，导滑槽的形式也不相同。最常用的是"T"形槽。如图4-2-10所示为导滑槽与侧滑块的导滑结构形式，图(a)采用整体式结构，该结构加工困难，一般用在模具较小的场合；图(b)采用矩形的压板形式，加工简单，强度较好，应用广泛，压板规格可查标准零件表；图(c)采用"T"形堆板，加工简单，强度较好，一般要加销钉定位；图(d)采用压板和中央导轨形式，一般用在滑块较长和模温较高的场合；图(e)采用"T"形槽，且装在滑块内部，一般用于空间较小的场合，如内滑块；图(f)采用镶嵌式的"T"形槽，稳定性较好，但是加工困难。

由于注射成型时，滑块在导滑槽内要求能顺利地来回移动，因此，对组成导滑槽零件的硬度和耐磨性是有一定要求的。整体式的导滑槽通常在定模板或动模板上直

接加工出来,而动、定模板常用的材料为45钢,为了便于加工,常常调质至28~32 HRC,然后再铣削成形。对于组合式导滑槽的结构,压板的材料常用T8、T10、Cr12MoV,热处理硬度要求大于50 HRC,另外在滑块底部通常会增设耐磨板(材料一般为Cr12MoV)以增加导滑槽的导滑功能。

2. 导滑槽的尺寸

导滑槽的尺寸与它的结构有关,定位面不同,其尺寸要求不同,如图4-2-11所示。

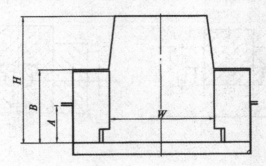

W—导滑槽宽度;A—压板固定高度;B—压块和滑块的配合高度;H—滑块高度

$$A \geqslant \frac{1}{3H} \; ; B \geqslant \frac{2}{3H}$$

图4-2-11 导滑槽尺寸

当滑块完成侧分型、抽芯时,滑块留在导滑槽的长度不小于全长的2/3。

四、楔紧块的设计

在注射成型的过程中,侧向成型零件在成型压力的作用下会使侧滑块向外位移,如果没有楔紧块楔紧,侧向力会通过侧滑块传给斜导柱,使斜导柱发生变形。楔紧块的结构形式如图4-2-12所示。

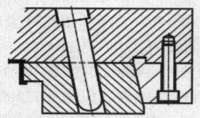

滑块采用镶块式锁紧方式,通常可用标准件,可查标准零件表,结构强度好,适用于锁紧面积较大的场合

(a)

滑块采用整体式锁紧方式,适用于大型塑件和镶紧面积较大的场合

(b)

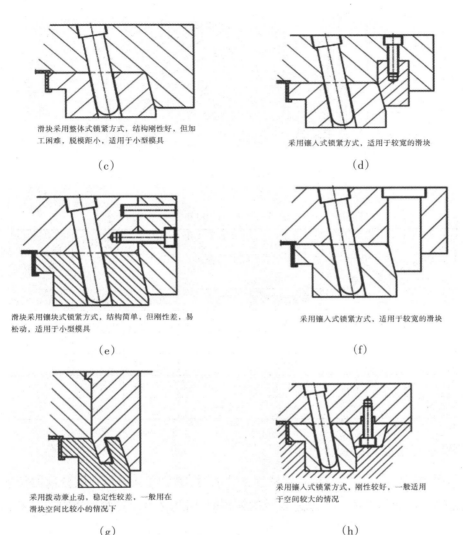

滑块采用整体式锁紧方式，结构刚性好，但加
工困难，脱模距小，适用于小型模具

（c）

采用镶入式锁紧方式，适用于较宽的滑块

（d）

滑块采用镶块式锁紧方式，结构简单，但刚性差，易
松动，适用于小型模具

（e）

采用镶入式锁紧方式，适用于较宽的滑块

（f）

采用拨动兼止动，稳定性较差，一般用在
滑块空间比较小的情况下

（g）

采用镶入式锁紧方式，刚性较好，一般适用
于空间较大的情况

（h）

图4-2-12　楔紧块的机构形式

为了保证斜楔面能在合模时压紧滑块，而在开模时又能迅速脱开滑块，以避免楔紧
块影响斜导柱对滑块的驱动，楔角β都要比斜导柱倾斜角α大一些，即$\beta=\alpha+(2°\sim3°)$。

除楔紧块外，锁紧装置自身还必须具有足够的尺寸，锁紧块后端离模具侧壁表面
的最小距离L至少要保证20 mm，以承受注射过程中产生的压力以及剪切力，相关尺
寸见图4-2-13及表4-2-4。

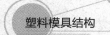
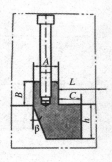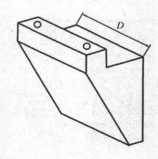

图4-2-13　锁紧装置相关尺寸示意图

表4-2-4　锁紧装置的相关尺寸

锁紧装置的宽度D/mm	锁紧装置的高度h/mm	锁紧装置的安装尺寸					锁紧装置的止转支撑宽度
		螺钉型号	螺钉个数	A/mm	B/mm		C/mm
≤50	≤60	M8	2	14～16	13		25
50～100	≤60	M8	2～3	16～18	15		30
100～200	≤60	M10	3～4	20～22	18		40
50～100	60～120	M10	2～3	20～22	18		50
100～200	60～120	M12	3～4	24～30	20		65

五、侧滑块定位装置的设计

　　分型抽芯以后,当滑块与斜导柱相互分离时,滑块必须停留在刚分离的位置上,以使合模时斜导柱能够顺利地进入滑块斜孔中,因此必须设置侧滑块定位装置,如图4-2-14所示。

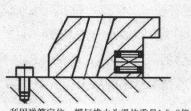

利用弹簧定位,螺钉推力为滑块重量1.5~2倍,常用于向上和侧向方向抽芯

（a）

利用弹簧、钢球定位,用于滑块较小的场合。当滑块重量小于3 kg时用这种定位结构

（b）

利用埋在模板槽内的弹簧、挡板、滑块上的沟槽配合定位

(c)

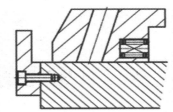

利用弹簧、挡板定位,弹簧推力为滑块重量的1.5~2倍,适用于滑块较大,向上和侧向方向抽芯

(d)

图4-2-14 侧滑块定位装置的形式

任务评价

(1)设计如图4-1-7所示塑料防护罩模具成型零件、侧向分型与抽芯机构、浇注系统、推出机构、模架、温度调节系统等。

(2)根据塑料防护罩模具结构的设计情况进行评价,见表4-2-5。

表4-2-5 塑料防护罩注射模具结构设计评价表

评价内容	评价标准	分值	学生自评	教师评价
分型面选择	是否合适	5分		
浇注系统设计	是否合理	15分		
成型零部件设计	结构和尺寸是否合理	15分		
侧向分型与抽芯机构设计	结构和尺寸是否合理	20分		
模架类型及尺寸	是否合理	15分		
推出机构设计	是否正确	15分		
冷却系统设计	是否合理	10分		
情感评价	是否积极参与课堂活动、与同学协作完成任务情况	5分		
学习体会				

任务三 常见的侧向分型与抽芯机构

 任务目标

(1)掌握干涉的概念、避免干涉的方法。

(2)熟悉常见侧向分型与抽芯机构。

(3)能够根据模具装配图分析工作原理。

 任务分析

侧向分型与抽芯机构根据抽芯件的不同可以分为斜导柱、弯销侧抽芯等。通过本任务的学习,熟悉各种抽芯机构的适用场合及工作原理。

任务实施

根据塑料水杯模具总体方案及结构,绘制模具装配图,如图4-3-1所示。

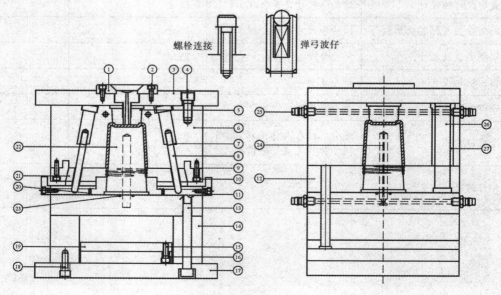

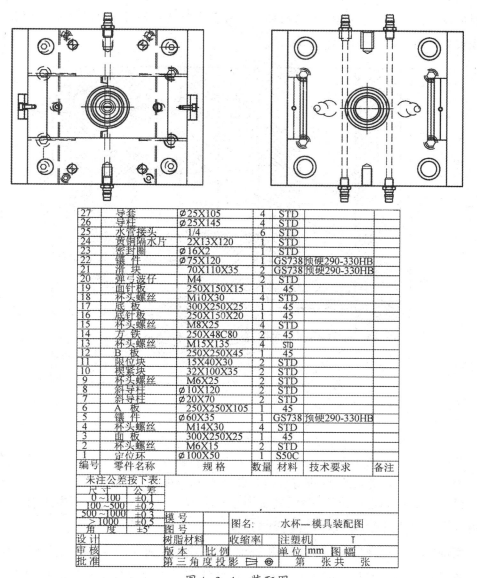

27	导套	Ø25X105	4	STD		
26	导柱	Ø25X145	4	STD		
25	水管接头	1/4	6	STD		
24	黄铜隔水片	2X13X120	1	STD		
23	密封圈	Ø16X2	1	STD		
22	镶件	Ø75X120	1	GS738	预硬290-330HB	
21	滑块	70X110X35	2	GS738	预硬290-330HB	
20	弹弓波仔	M4	2	STD		
19	面针板	250X150X15	1	45		
18	杯头螺丝	M10X30	4	STD		
17	底板	300X250X25	1	45		
16	底针板	250X150X20	1	45		
15	杯头螺丝	M8X25	4	STD		
14	方铁	250X48C80	2	45		
13	杯头螺丝	M15X135	4	STD		
12	B板	250X250X45	1	45		
11	限位块	15X40X30	2	STD		
10	楔紧块	32X100X35	2	STD		
9	杯头螺丝	M6X25	2	STD		
8	斜导柱	Ø10X120	2	STD		
7	斜导柱	Ø20X70	2	STD		
6	A板	250X250X105	1	45		
5	镶件	Ø60X35	1	GS738	预硬290-330HB	
4	杯头螺丝	M14X30	4	STD		
3	面板	300X250X25	1	45		
2	杯头螺丝	M6X15	2	STD		
1	定位环	Ø100X50	1	S50C		
编号	零件名称	规格	数量	材料	技术要求	备注

未注公差按下表:		
尺寸		公差
0~100		±0.1
100~500		±0.2
500~1000		±0.3
>1000		±0.5
角度		±5′

	模号		图名:	水杯—模具装配图	
设计	图号				
审核	树脂材料	收缩率	注塑机	T	
批准	版本	比例	单位	mm 图幅	
	第三角度投影		第 张共 张		

图 4-3-1 装配图

💻🖥 相关知识

一、斜导柱侧向分型与抽芯

因安装位置不同,斜导柱机构有如下四种不同形式:

1.斜导柱固定在定模、侧滑块安装在动模

斜导柱固定在定模、侧滑块安装在动模的结构是斜导柱侧向分型与抽芯机构的

模具应用最广泛的形式,如图4-3-2所示。模具设计者在设计侧抽芯塑件的模具时,应当首先考虑采用这种形式。

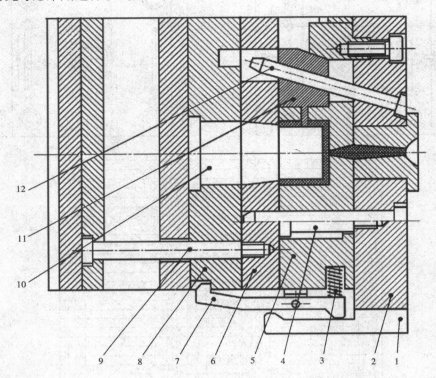

1-压杆;2-定模座板;3-弹簧;4-限位螺钉;5-定模板;6-推件板;
7-拉钩;8-动模板;9-推杆;10-主型芯;11-侧滑块;12-斜导柱

图4-3-2　斜导柱固定在定模、侧滑块安装在动模

设计斜导柱固定在定模、侧滑块安装在动模的侧抽芯机构时必须注意侧滑块与推杆在合模复位过程中不能发生"干涉"现象。

所谓"干涉"现象是指在合模过程中侧滑块的复位先于推杆的复位而使活动侧型芯与推杆相碰撞,造成活动侧型芯或推杆损坏的事故。侧型芯与推杆发生"干涉"的可能性会出现两者垂直于分型面的投影发生重合的情况,如图4-3-3所示。图(a)为合模状态,在侧型芯的投影下面设置有推杆;图(b)为合模过程中,斜导柱刚插入滑块的斜导孔中时,斜导柱向右边复位的状态,而此时模具的复位杆还未使推杆复位,这就会发生侧型芯与推杆相碰撞的"干涉"现象。

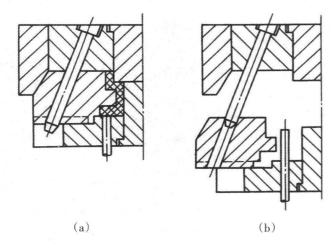

（a）   （b）

图4-3-3 "干涉"现象

在模具结构允许的条件下,应尽量避免在侧型芯的投影范围内设置推杆。如果受到模具结构的限制而在侧型芯下一定要设置推杆,应首先考虑能否使推杆在推出一定距离后仍低于侧型芯的最低面,当这一条件不能满足时,就必须分析产生"干涉"的临界条件并采取措施使推出机构先复位,然后才允许侧型芯滑块复位,这样才能避免产生"干涉"。

如图4-3-4与图4-3-5所示为分析发生干涉临界条件的示意图。图4-3-4中,图(a)所示为开模侧抽芯后推杆推出塑件的状态;图(b)所示是合模复位时,复位杆使推杆复位、斜导柱使侧型芯复位而侧型芯与推杆不发生干涉的临界状态;图(c)所示是合模复位完毕的状态。从图中可知,在不发生干涉的临界状态下,侧型芯已经复位了长度 S',还需复位的长度为 $S-S'=S_c$,而推杆需复位的长度为 h_c,如果完全复位,应满足如下条件:

$$h_c = S_c \cot \alpha$$

$$\text{即 } h_c \tan \alpha = S_c \tag{4-3-1}$$

在完全不发生干涉的情况下,需要在临界状态时,侧型芯与推杆还应有一段微小的距离Δ,因此,不发生干涉的条件为:

$$h_c \tan \alpha = S_c + \Delta \text{ 或者 } h_c \tan \alpha > S_c \tag{4-3-2}$$

式中:h_c——在完全合模状态下推杆端面离侧型芯的最近距离;

      S_c——在分型面上,侧型芯与推杆投影在抽芯方向上重合的长度;

      Δ——在完全不干涉的情况下,推杆复位到 h_c 位置时,侧型芯沿复位方向距推杆侧面的最小距离,一般 Δ = 0.5 mm 即可。

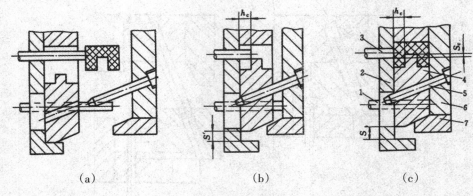

(a)   (b)   (c)

1—复位杆;2—动模板;3—推杆;4—侧型芯滑块;5—斜导柱;6—定模座板;7—楔紧块

图4-3-4　发生干涉的临界条件示意图

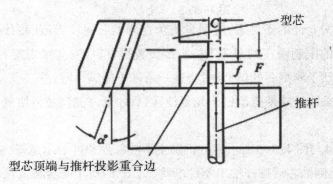

注:当$f \geqslant C \cdot \cot \alpha$,不会发生干涉现象。

图4-3-5　不产生干涉现象的几何条件

在一般情况下,要尽量避免干涉,如果实际的情况无法满足这个条件,则必须设计推杆的先复位机构。下面介绍几种推杆的先复位机构。

(1)弹簧式先复位机构。

弹簧式先复位机构如图4-3-6所示。它的特点是利用弹簧,并将其安装在推杆固定板与动模之间,开模顶出塑件时,借助注射机推顶装置带动顶杆脱模机构运动并压缩弹簧,一旦开始合模,注射机推顶装置便与顶杆脱模机构脱离接触,在弹簧回复力的作用下使顶杆迅速复位,因此可以避免与侧向型芯干涉。弹簧式顶杆先复位机构具有结构简单、安装容易等优点,但弹簧力量小,容易疲劳失效,可靠性差,一般只适于复位力不大的场合,并需要定期更换弹簧。

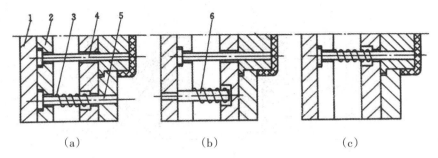

1-推板;2-推杆固定板;3-弹簧;4-推杆;5-复位杆;6-立柱

图4-3-6 弹簧式先复位机构

(2)楔杆三角滑块式先复位机构。

楔杆三角滑块式先复位机构如图4-3-7所示。楔杆固定在定模内部,三角滑块安装在推管固定板6的导滑槽内部,在合模状态,楔杆1与三角滑块4的斜面仍然接触,如图(a)所示。开始合模时,楔杆1与三角滑块4的接触先于斜导柱2与侧型芯滑块3的接触。图(b)所示为楔杆1接触三角滑块4的初始状态,在楔杆1的作用下,在推管固定板6上的导滑槽内的三角滑块向下移动的同时迫使推管固定板向左移动,使推管5的复位先于侧型芯滑块3的复位,从而避免两者发生干涉。

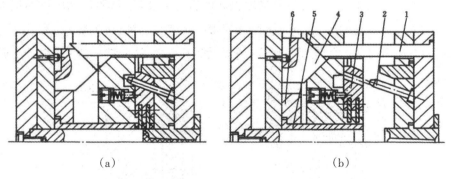

1-楔杆;2-斜导柱;3-侧型芯滑块;4-三角滑块;5-推管;6-推管固定板

图4-3-7 楔杆三角滑块式先复位机构

(3)楔杆摆杆式先复位机构。

楔杆摆杆式先复位机构如图4-3-8所示,其结构与楔杆三角滑块式先复位机构相似,所不同的是摆杆代替了三角滑块。图(a)所示为合模状态。摆杆4一端用转轴固定在支承板3上,另一端装有滚轮。合模时,楔杆1推动摆杆上的滚轮,迫使摆杆4绕着转轴做逆时针方向旋转,同时它又推动推杆固定板5向左移动,使推杆的复位先于侧型芯的复位。为了防止滚轮与推板6之间的磨损,在推板6上常常镶有淬过火的垫板。

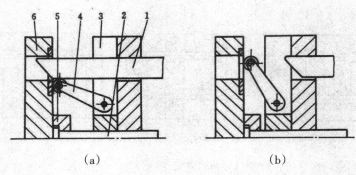

(a)   (b)

1-楔杆；2-推杆；3-支承板；4-摆杆；5-推杆固定板；6-推板

图4-3-8　楔杆摆杆式先复位机构

(4)楔杆滑块摆杆式先复位机构。

楔杆滑块摆杆式先复位机构如图4-3-9所示。图(a)所示为合模状态，楔杆4固定在定模部分的外侧，下端带有斜面的滑块5安装在动模支承板3内，滑销6也安装在动模支承板3内，但它的运动方向与滑块的运动方向垂直，摆杆2上端用转轴固定在与动模支承板3连接的固定板上，合模时，楔杆4向滑块靠近；图(b)所示是合模过程中楔杆4接触滑块的初始状态，楔杆4的斜面推动支承板内的滑块5向下滑动，滑块的下移使滑销6左移，推动摆杆2绕其转轴做顺时针方向旋转，从而带动推杆固定板1左移，完成推杆7的先复位动作；开模时，楔杆4脱离滑块，滑块在弹簧8的作用下上升，同时，摆杆2在本身重力的作用下回摆，推动滑销6右移，从而挡住滑块5继续上升。

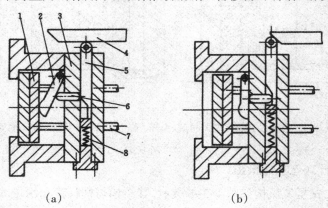

(a)   (b)

1-推杆固定板；2-摆杆；3-动模支承板；4-楔杆；5-滑块；6-滑销；7-推杆；8-弹簧

图4-3-9　楔杆滑块摆杆式先复位机构

2. 斜导柱固定在动模、侧滑块安装在定模

由于开模时一般要求塑件包紧在动模凸模上的部分留在动模，而侧型芯则安装在定模上，这样就会产生以下几种情况：一种情况是如果侧抽芯与脱模同时进行，由于侧型芯在开模方向的阻碍作用使塑件从动模部分的凸模上强制脱下而留在定模，侧抽芯结束后，塑件无法从定模型腔中取出；另一种情况是由于塑件包紧于动模凸模上的力大于侧型芯使塑件留于定模型腔的力，则可能会出现塑件被侧型芯撕裂或细小的侧型芯被折断的现象，导致模具损坏或无法工作。从以上分析可知，斜导柱固定在动模、侧滑块安装在定模的模具结构的特点是侧抽芯与脱模不能同时进行，要么是先侧抽芯后脱模，要么先脱模后侧抽芯。

如图4-3-10所示，这种机构称为凸模浮动式作斜导柱定模侧抽芯。凸模11以H8/f8的配合安装在动模板3内，并且其底端与动模支承板的距离为h。开模时，由于塑件对凸模11具有足够的包紧力，致使凸模在开模距离h内和动模后退的过程中保持静止不动，即凸模浮动了距离h，使侧型芯滑块10在斜导柱12的作用下侧向抽芯移动距离S。继续开模，塑件和凸模一起随动模后退，推出机构工作时，推件板4将塑件从凸模上推出，凸模浮动式斜导柱侧抽芯的机构在合模时，应考虑凸模11复位的情况。

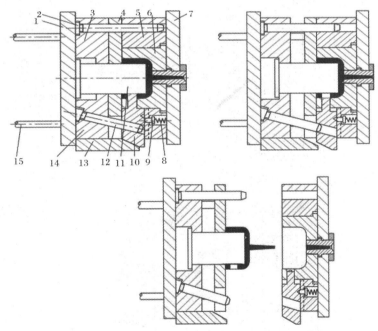

1-支承板；2-导柱；3,14-动模板；4-推件板；5-定模板；6-凹模；7-定模座板；
8-弹簧；9-限位销；10-侧型芯滑块；11-凸模；12-斜导柱；13-楔紧块；15-推杆

图4-3-10 凸模浮动式作斜导柱定模侧抽芯

3.斜导柱与侧滑块同时安装在定模

在斜导柱与侧滑块同时安装在定模的结构中，一般情况下斜导柱固定在定模座板上，侧滑块安装在定模板上的导滑槽内。为了造成斜导柱与侧滑块两者之间的相对运动,还必须在定模座板与定模板之间增加一个分型面,因此,需要采用定距顺序分型机构,即开模时主分型面暂不分型,而让定模部分增加的分型先定距分型并让斜导柱驱动侧滑块进行侧抽芯,抽芯结束后,然后主分型面分型。由于斜导柱与侧型芯同时设置在定模部分,设计时斜导柱可适当加长,保证侧抽芯时侧滑块始终不脱离斜导柱,所以不需设置侧滑块的定位装置。

图4-3-11所示的结构是摆钩式定距顺序分型的斜导柱抽芯机构。合模时,在弹簧7的作用下,由转轴6固定在定模板10上的摆钩8勾住固定在动模板11上的挡块12。开模时,由于摆钩8勾住挡块12,模具首先从A分型面分型,同时在斜导柱2的作用下,侧型芯滑块1开始侧向抽芯,侧抽芯结束后,固定在定模座板上的压块9的斜面压迫摆钩8做逆时针方向摆动而脱离挡块12,在定距螺钉5的限制下A分型面分型结束,动模继续后退,然后B分型面分型,塑件随凸模3保持在动模一侧,最后推件板4在推杆13的作用下使塑件脱模。

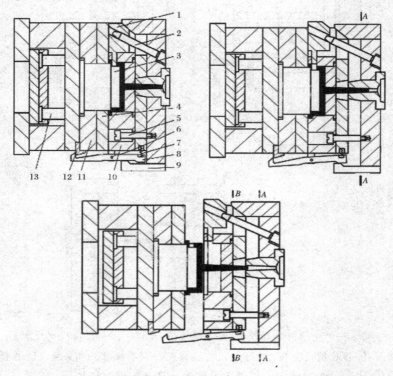

1-侧型芯滑块;2-斜导柱;3-凸模;4-推件板;5-定距螺钉;6-转轴;
7-弹簧;8-摆钩;9-压块;10-定模板;11-动模板;12-挡块;13-推杆
图4-3-11 摆钩式定距顺序分型的斜导柱抽芯机构

4.斜导柱与侧滑块同时安装在动模

斜导柱与侧滑块同时安装在动模的结构,一般是通过推件板推出机构来实现斜导柱与侧型芯滑块的相对运动的。在图4-3-12所示的斜导柱侧抽芯机构中,斜导柱固定在动模板5上,侧型芯滑块2安装在推件板4的导滑槽内,合模时靠设置在定模板上的楔紧块1锁紧。开模时,侧型芯滑块2和斜导柱3一起随动模部分后退,当推出机构工作时,推杆推动推件板4使塑件脱模,同时,侧型芯滑块2在斜导柱3的作用下在推件板4的导滑槽内向两侧滑动进行侧向抽芯。这种模具的结构,由于斜导柱与侧滑块不脱离导柱,因此也不需设置侧滑块定位装置。另外,这种利用推件板推出机构造成斜导柱与侧滑块相对运动的侧抽芯机构,主要适合于抽拔距离和抽芯力均不太大的场合。

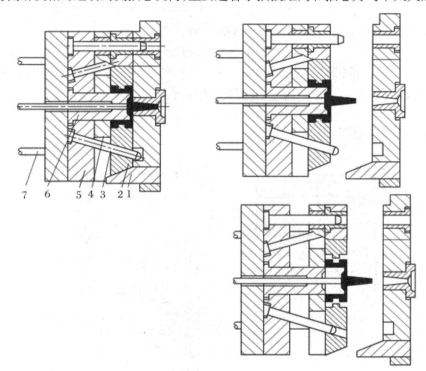

1-楔紧块;2-侧型芯滑块;3-斜导柱;4-推件板;5-动模板;6-凸模;7-型芯

图4-3-12　斜导柱与侧滑块同在动模的结构

二、弯销侧向分型与抽芯机构

弯销抽芯机构的原理和斜导柱抽芯相同,只是在结构上用弯销代替斜导柱。这种机构的优点在于倾斜角较大,最大可达40°,因而在开模距离相同的条件下,其抽拔距离大于斜导柱抽芯机构的抽拔距离。

通常,弯销装在模板外侧,一端固定在定模上,另一端由支承块支承,因而承受的抽拔力较大。如图4-3-13所示就是弯销抽芯机构的典型结构。图中滑板3移动一定距离后,由定位销4定位,支承板1防止滑板3在注射时产生位移。

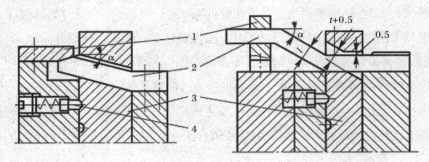

1-支承板;2-弯销;3-滑板;4-定位销

图4-3-13　弯销抽芯机构

设计弯销抽芯机构时,应使弯销与滑块孔之间的间隙稍大一些,以避免闭模时碰撞,通常为0.5 mm左右。弯销和支承板(块)的强度,应根据抽拔力的大小来确定。

三、斜导槽分型与抽芯机构

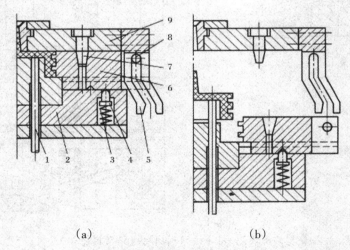

　　　　　(a)　　　　　　　　　　　　　(b)

1-推杆;2-动模板;3-弹簧;4-顶销;5-导槽板;6-侧型芯滑块;7-止动销;8-滑销;9-定模板

图4-3-14　斜导槽分型与抽芯机构

当侧型芯的抽拔距离比较大时,在侧型芯的外侧可以用斜导槽和滑块连接代替斜导柱,如图4-3-14所示。斜导槽板用四个螺钉和两个销钉安装在定模外侧,开模时,侧型芯滑块的侧向移动是受固定在它上面的圆柱销在斜导槽内的运动轨迹所限制的。当槽与开模方向没有斜度时,滑块无侧抽芯动作;当槽与开模方向成一角度时,滑块可以侧抽芯。槽与开模方向角度越大,侧抽芯的速度越快,槽愈长,侧抽芯的抽芯距也就愈大,由此可以看出,斜导槽侧抽芯机构设计时比较灵活。

斜导槽的倾斜角在25°以下较好,如果不得不超过这个角度时,可以把倾斜槽分成两段,如图4-3-15所示。第一段α_1角比锁紧块α'角小2°,在25°以下,第二段做成所要求的角度,但是α_2最大在40°以下,S为抽拔距,图(a)、图(b)为斜导槽的两种不同结构形式。

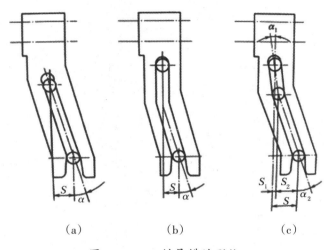

（a）　　　　　　　（b）　　　　　　　（c）

图4-3-15　斜导槽的形状

任务评价

(1)绘制塑料防护罩模具装配图及成型零部件零件图。

(2)根据学生绘制的模具装配图及零件图进行评价,见表4-3-1。

表4-3-1　绘制模具装配图及零件图的情况评价表

评价内容	评价标准	分值	学生自评	教师评价
模具装配图绘制	结构是否完整、正确	60分		
型腔零件图	是否正确	15分		
型芯零件图	是否正确	15分		
情感评价	是否积极参与课堂讨论、与同学协作完成情况	10分		
学习体会				

电池盖模具结构设计

　　许多塑料制件带有浅的内侧孔、内侧凹或卡口,由于抽芯距和抽芯力不大,可以采用斜顶结构完成塑料制件的侧向分型与抽芯结构和脱模。这样的设计使得塑料模具结构简单,模具零件制造加工方便。

　　本项目以下图所示的电池盖为载体来介绍斜顶内侧抽芯注射模的典型结构及设计要点等知识,并根据提供的塑料制件零件图完成整套注射模具的设计。

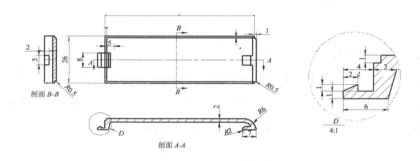

电池盖

目标类型	目标要求
知识目标	(1)熟悉斜滑块抽芯机构的组成 (2)理解斜滑块抽芯机构的设计要点 (3)熟悉斜导杆导滑的内侧分型机构的组成 (4)理解斜滑块抽芯机构的设计要点
技能目标	(1)认识斜滑块分型与抽芯机构 (2)认识斜顶分型与抽芯机构 (3)能够根据塑件确定内侧抽芯机构及尺寸
情感目标	(1)具备自学能力、思考能力、解决问题能力与表达能力 (2)具备团队协作能力、计划组织能力,善于与人沟通、交流,能参与团队合作完成工作任务

任务 设计电池盖模具结构

 任务目标

(1)掌握斜滑块导滑抽芯的组成、工作原理及设计要点。

(2)掌握斜顶内侧分型机构的组成、工作原理及设计要点。

(3)理解模具设计步骤。

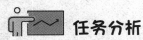 **任务分析**

当塑料制件内部侧壁上有凹凸部位时,通常采用斜顶抽芯机构的形式。由于斜顶抽芯机构在模板上所占的空间位置少,当塑料制件被顶出时,斜顶抽芯机构亦有顶出的作用,因而在模具中大量应用。通过本任务的学习,完成电池盖内侧抽芯的设计。

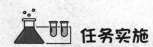 **任务实施**

1.分型面的选择(如图5-1-1)

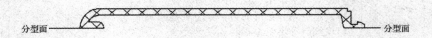

图5-1-1 分型面的选择

2.确定型腔布置

本产品采用一模四腔的结构布置,为了四个型腔能同时充满,采用对称排列方式,如图5-1-2所示。

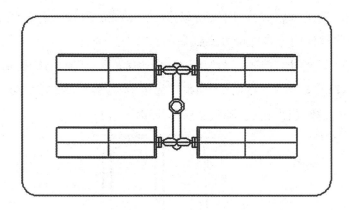

图 5-1-2　型腔的排列

3. 选择标准的模架

选择型腔、型芯的尺寸为 150 mm×250 mm×35 mm,选用龙记标准模架 CI3340A70B60标准模架。其中C板高度取90 mm。

4. 浇注系统的设计

由于产品外观要求不高,为了方便加工和减少模具成本,选用侧浇口,物料为 ABS,浇口尺寸如图5-1-3所示。

5. 推出机构的确定

推出机构采用顶杆推出。顶杆的布置如图5-1-4所示。

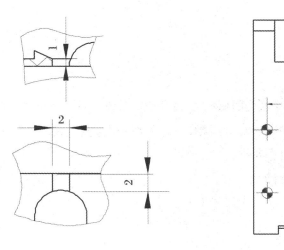

图 5-1-3　浇口尺寸　　　　图 5-1-4　顶杆的布置

6. 斜顶的设计

在图5-1-4中,制件有一个5 mm×5 mm的内侧凹凸,在模具设计中,设计成斜顶

的模具结构。采用整体式,截面长和宽分别为 13 mm 和 10 mm,高度为 115 mm,斜角为 8°。斜顶与推杆固定板连接方式则采用了"T"形导滑座连接方式,在推杆固定板上开一条"T"形的导滑槽,斜顶与"T"形导滑座用螺丝固定,推出机构推出时,斜顶带动导滑座向右移动,如图 5-1-5 所示,当推杆固定板被推出到限位块的时候,推板的推出行程为 55 mm,这时斜顶完成侧抽芯,抽芯距离为 7.73 mm。

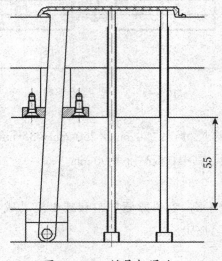

图 5-1-5 斜导杆滑块

 **相关知识**

一、斜滑块抽芯机构

斜滑块抽芯机构适用于成型面积较大、侧孔或侧凹较浅,所需的抽拔距较小的场合。

滑块装在与开模方向倾斜的导滑槽内,推出滑块时,塑件在滑块的带动下在脱离主型芯时完成侧向分型抽芯动作。

1. 斜滑块导滑的侧向抽芯

斜滑块抽芯机构的基本形式如图 5-1-6 所示。

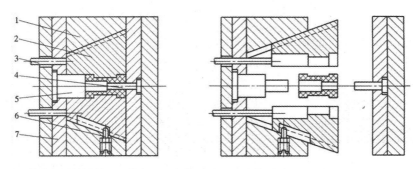

1—模套；2—斜滑块；3—推杆；4—定模型芯；5—动模型芯；6—限位螺销；7—动模板

图5-1-6　斜滑块抽芯机构的基本形式

工作原理：型腔由两个斜滑块组成。开模后，塑件包在动模型芯5上和斜滑块2一起随动模部分向左移动，在推杆3的作用下，斜滑块2相对向右运动的同时向两侧分型，分型的动作靠斜滑块2在模套1的导滑槽内进行斜向运动来实现，导滑槽的方向与斜滑块2的斜面平行。斜滑块2侧向分型的同时，塑件从动模型芯5上脱出。限位螺销6是为防止斜滑块从模套中脱出而设置的。

图5-1-7所示为斜滑块导滑的内侧分型与抽芯的结构形式。斜滑块2的上端为成型塑件内侧的凹凸形状，推出时，斜滑块2在推杆4的作用下，在推出塑件的同时向内侧移动而完成内侧抽芯的动作。

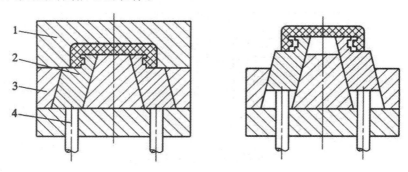

1—型芯块；2—斜滑块；3—型芯固定板；4—推杆；5—固定板

图5-1-7　斜滑块导滑的内侧分型与抽芯

工作原理：斜滑块2的上端为侧向型芯，它安装在型芯固定板3的斜孔中。开模后，椎杆4推动斜滑块2向上运动，由于型芯固定板3上的斜孔作用，斜滑块同时还向内侧移动，从而在推杆4推出塑件的同时，斜滑块2完成内侧抽芯动作。

2.斜滑块式机构的设计要点

(1)斜滑块的组合形式。

根据塑件需要，斜滑块通常由2～6块组合而成，在某些特殊情况下，斜滑块还可

以分得更多。

如图5-1-8所示是几种常见的瓣合模滑块和模套的一些组合形式。

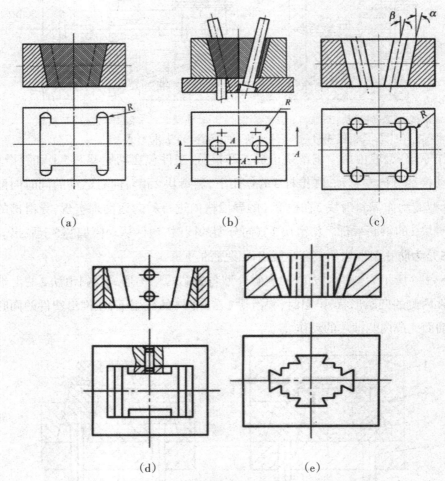

（a）　　　　　　　（b）　　　　　　　（c）

（d）　　　　　　　（e）

图5-1-8　常见的瓣合模滑块和模套的组合形式

按照导滑部分的特点,图(a)导滑槽为整体式"T"形导滑槽,其加工精度不易保证,且不能热处理,但结构较紧凑,故适于中小型或批量不大的模具。其中半圆形截面也可制成方形,成为方形导滑槽。

图(b)和(c)都是用导柱进行导滑。所不同的是图(c)是将导柱斜镶并固定在模套的内侧面作为轨道导滑,而图(b)则将导柱斜镶在动模板上。它们的共同特点是结构简单,制造方便。由于其斜孔可在斜滑块与模套研合后组合加工,所以容易保证质量。导柱斜孔的角度应小于或等于斜滑块导向角,即$\beta \leqslant \alpha$,以避免在侧抽芯过程中斜滑块与模套产生引动干扰。

图(d)为镶拼式导滑,导滑部分(锁紧楔)和分模楔都单独制造后镶入模套,这样就可进行热处理和磨削加工,从而提高了精度和耐磨性。分模楔要有良好的定位,所以用圆柱销连接,锁紧楔用螺钉紧固。

图(e)为燕尾式导滑槽,适于小型模具多滑块的情况,模具结构紧凑,但加工较困难。用型芯镶块作为斜滑块的导向,常用于斜滑块的内侧抽芯。

(2)正确选择主型芯的位置。

主型芯位置选择恰当与否,直接关系到塑件能否顺利脱模。例如,图5-1-9(a)中将主型芯设置在定模一侧,开模后主型芯首先从塑件中抽出,然后推杆推动斜滑块开始分型,由于塑件没有中心导向,容易附在黏附力较大的斜滑块一侧,从而使塑件不能顺利脱模,如果将主型芯位置改变,将其设置在动模上,如图(b)所示,则主型芯在塑件脱模过程中具有中心导向作用,所以在斜滑块分型过程中不会黏附在斜滑块上,因此脱模比较顺利。

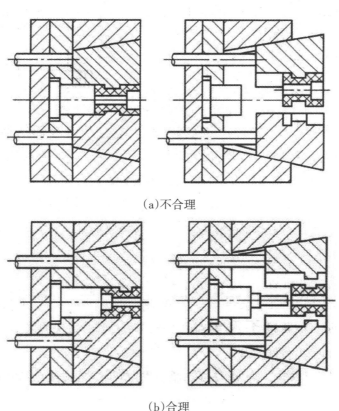

(a)不合理

(b)合理

图5-1-9 主型芯位置选择

（3）开模时斜滑块的止动方法。

斜滑块通常设置在动模部分，为了方便利用动模边的推出机构，并且避免开模时定模型芯将斜滑块带出而损伤制件，要求塑件对动模部分的包紧力大于对定模部分的包紧力。

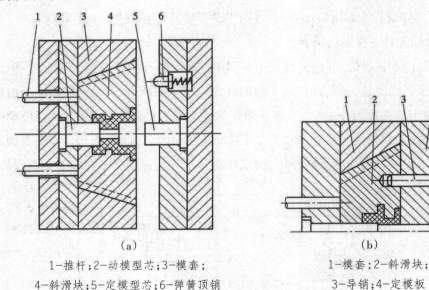

（a）
1-推杆；2-动模型芯；3-模套；
4-斜滑块；5-定模型芯；6-弹簧顶销

（b）
1-模套；2-斜滑块；
3-导销；4-定模板

图5-1-10　斜滑块的弹簧止动装置

但有时因为塑件的特殊结构，定模部分的包紧力大于动模部分，此时，如果没有止动装置，则斜滑块在开模动作刚开始之时便有可能与动模产生相对运动，导致塑件损坏或滞留在定模内而无法取出。为避免这种现象发生，可参照图5-1-10（a）设置止动装置，开模后，弹簧顶销6紧压斜滑块4防止斜滑块与动模分离，继续开模时，塑件留在动模上，然后由推杆1带动斜滑块4侧向分型并顶出塑件。

斜滑块止动还可采用图5-1-10（b）所示的导销机构，即在斜滑块上钻一圆孔与固定在定模上的导销3呈间隙配合。开模后，在导销3的约束下，斜滑块2不能进行侧向运动，所以开模动作也就无法使斜滑块与动模之间产生相对运动。继续开模时，导销3与斜滑块2上的圆孔脱离接触，动模内的顶出机构将推动斜滑块侧向分型并顶出塑件。

（4）斜滑块的推出行程与倾角。

斜滑块式机构的推出行程计算，与斜导柱式机构中抽拔运动所需的开模距计算相似，但斜滑块强度较高，其倾角可比斜导柱倾角设计得大一些，一般在5°～25°之间选取。必要时，导向倾向角可适当加大，但最大不应超过30°。

（5）斜滑块的装配要求。

为了保证斜滑块在合模时拼合紧密，避免注射成型时产生飞边，必须使斜滑块底部与模套端面之间要留 0.2～0.5 mm 间隙，顶部也必须要高于模套 0.2～0.5 mm，如图 5-1-11 所示。这样做的目的是为了斜滑块与动模（或导滑槽）之间有了磨损之后，通过修磨斜滑块的端面，继续保持拼合的紧密性。

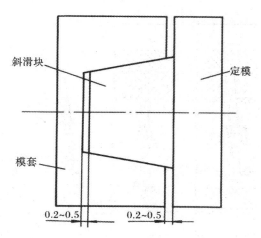

图 5-1-11　斜滑块与模套的配合

（6）斜滑块推出后的限位。

在卧式注射机上使用斜滑块侧向抽芯机构时，为了防止斜滑块在工作时从动模板上的导滑槽中滑出去，影响该机构的正常工作，因此，应在斜滑块上制出一长槽，动模板上设置一螺销定位，如图 5-1-12 所示。

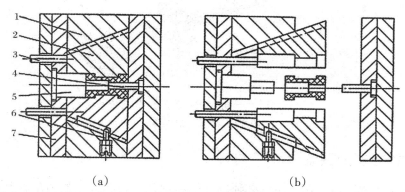

　　　（a）　　　　　　　　　　　（b）

1-模套；2-斜滑块；3-推杆；4-定模型芯；5-动模型芯；6-限位螺销；7-动模型芯固定板

图 5-1-12　斜滑块的外侧分型与抽芯

二、斜顶内侧分型机构

斜顶主要用于塑件内侧凹较浅的情况。如图5-1-13、图5-1-14所示为斜顶抽芯的典型结构。斜顶运动方向与开模方向的夹角一般小于12°,通常取3°~8°;斜顶顶面低于动模镶块面0.05 mm;斜顶与模坯间用导滑块进行导向,导滑块可以用青铜等耐磨材料制造。

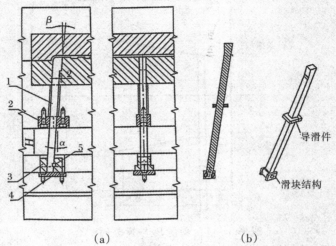

（a） （b）

1-斜顶;2-导滑板;3-滑动座;4-耐磨板;5-限位销

图5-1-13　斜顶抽芯机构和斜导杆示意图

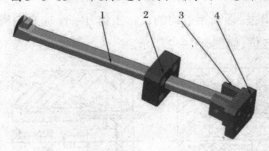

1-斜顶杆;2-导滑板;3-滑动座;4-耐磨板

图5-1-14　斜导杆

三、斜顶抽芯的设计要点

（1）在设计斜顶抽芯机构时,必须要计算斜顶顶出行程H与斜顶角度C。斜顶角度C不能太大或太小,必须要结合塑件侧凹或侧凸深度来综合衡量斜顶角度C和斜顶顶出行程H。下列是相关的计算公式。

$$\tan C = \frac{S}{H} \qquad\qquad (5-1-1)$$

式中：C——斜顶角度；

S——斜顶抽芯距，≥塑件侧凹、侧凸深度$A+(1.5\sim 2)$mm；

H——顶出行程。

2. 斜顶主体

斜顶主体具有成型以及抽芯的作用,因此在设计时,除了要保证移动外,还应保证其斜顶的定位如图5-1-15所示。一般小于12°,通常取3°～8°。

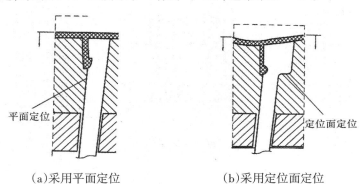

(a)采用平面定位　　　　　(b)采用定位面定位

图5-1-15　斜顶主体定位

3. 导向件

由于斜顶的倾斜角α一般较小,则斜顶的侧向受力点将下移,为了提高导向寿命,往往添加导向件,与斜顶主体进行相对运动,如图5-1-13所示导滑板2。

4. 滑动座

斜顶的导滑槽在滑动座中移动,如图5-1-16所示。斜顶在滑动座中应保证L的距离,作为斜顶运动空间。

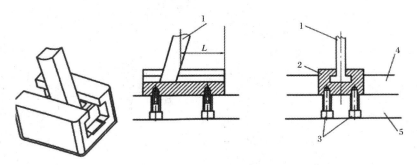

1—斜顶;2—滑动座;3—螺钉;4—推杆固定板;5—推板

图5-1-16　斜顶中的滑动座

　　斜顶与顶出板之间的连接结构如图5-1-17所示。图(a)所示为定位销定位的斜顶座;图(b)所示为螺纹整体式斜顶座,可与圆销配合使用;图(c)所示为沉头整体式斜顶座;图(d)所示为滚轮式斜顶座;图(e)为半截式斜顶座,分为"T"形槽式顶杆与"T"形槽式滑座。如图3-1-18(a)为斜顶的结构,图5-1-18(b)为斜顶座的结构。

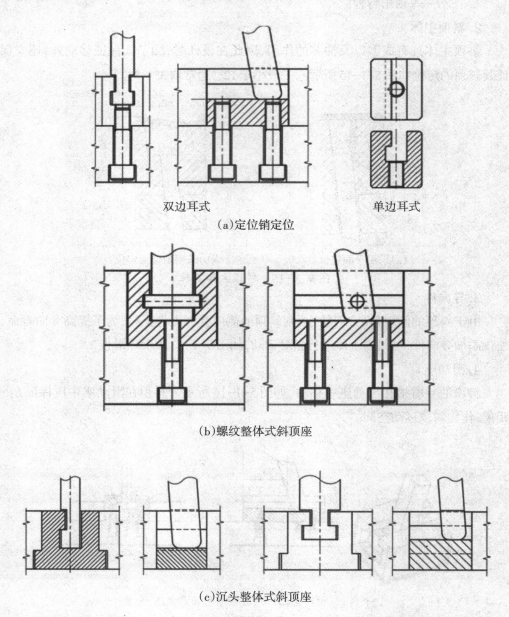

双边耳式　　　　　　　　单边耳式

(a)定位销定位

(b)螺纹整体式斜顶座

(c)沉头整体式斜顶座

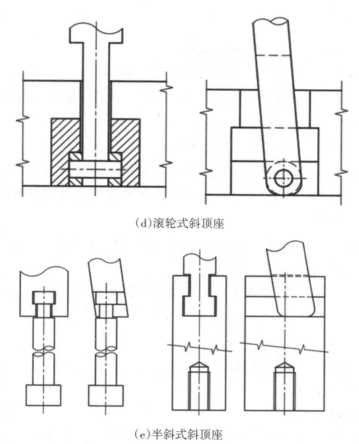

(d)滚轮式斜顶座

(e)半斜式斜顶座

图5-1-17 斜顶与顶出板间的连接结构

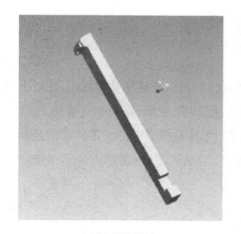

(a)斜顶的结构

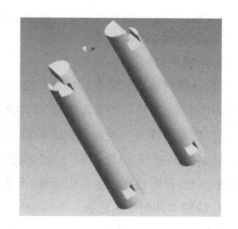

(b)斜顶座的结构

图5-1-18 斜顶和斜顶座的结构

四、注射模设计步骤

1.明确设计任务和准备必要的技术资料

设计者在接收任务后、开始设计前必须明确以下事项：

(1)塑件的几何形状及使用要求。塑料的种类、成型收缩率、透明度、尺寸精度、表面粗糙度、塑件的组装状态及使用要求等。

(2)明确注射机的规格参数。最大注射量、锁模力、最大注射压力、模板尺寸与拉杆间距、最大(最小)模厚、合模行程、喷嘴头部孔径及球面半径、定位圈直径等。

(3)明确使用者的要求。是否自动成型、型腔数目、有无流道凝料和塑件的侧孔是成型还是采用机加工等。

(4)模具制造工艺的要求。模具制造设备、制造技术水平等。

2.确定模具的结构方案

(1)型腔数目与布排。根据塑件外形、重量及所选用的注射机等,决定型腔数量和排列方式。

(2)确定分型面。

(3)确定浇注系统和排气方式。

(4)选择推出方式。

(5)确定冷却、加热方式。

(6)根据模具材料、强度计算或者经验数据等,确定模具支承零部件厚度,外形尺寸,外形结构,所有连接、定位、导向件位置(即进行模架的选择)。

(7)确定成型零部件的结构形式,计算其尺寸。

(8)绘制模具结构草图。

3.绘制模具图

(1)绘制模具总装配图。尽量采用1∶1的比例;正确选择足够的视图,把以上设计正确表达出来,把模具的整体结构、各零部件装配关系、紧固、定位表达清楚。

(2)绘制零件图。绘制非标准的模具零件,尤其是成型零件。零件图的绘制应符合机械制图国家标准;绘图顺序为先成型零件,后结构零件;图形方位尽可能与其在总图中一致,视图选择与表达应合理、布置得当。

4.编制零件加工工艺卡片

编制成型零件等非标准零件的工艺卡片。

5.编写设计说明书

设计说明书包括下述内容:

(1)设计任务。

(2)使用设备及与设计有关的设备参数。

(3)方案的确定:根据塑件的特点、成型设备及加工条件,综合分析确定(包括型腔数目、浇口位置、分型面选择、推出特点等)。

(4)参数校核:注射量、锁模力、最大注射压力、注射模具与注射机的安装部分、模具厚度及开模行程。

(5)成型零件尺寸计算。

(6)模具动作原理及结构特点。

(7)存在问题及解决办法,包括模具设计、制造、装配、试模,以及模具在使用过程中可能出现的问题。

(8)成型工艺条件,包括注射机料筒温度、塑料注射前的预处理及塑件的后处理等。

(9)模具的装配工艺。

(10)模具设计时所用的参考资料,对设计所选用的参数、公式等必须说明出处。

6.校对审核

(1)检查模具结构设计是否合理,包括:模具的结构和基本参数是否与注射机规格匹配;导向机构是否合理;分型面选择是否合理;型腔布置与浇注系统设计是否合理;成型零部件设计是否合理;推出机构是否合理;侧向分型与抽芯机构是否合理,有无干涉可能;是否需要加热冷却装置,如需要,其热源与冷却方式是否合理;支承零部件结构设计是否合理等。模具质量方面,包括:是否考虑塑件对模具导向精度的要求;成型零件的工作尺寸计算是否合理,其本身能否具有足够的强度和刚度;支承零部件能否保证模具具有足够的整体强度和刚度等。

(2)装配图审核,包括:零部件的装配关系是否明确;配合代号标注得是否恰当、合理;零件标注是否齐全;与明细栏中的序号是否对应;有关的必要说明是否具有明确的标记,整个模具的标准化程度如何。

(3)零件图审核,包括:零件号、名称、加工数量是否有确切的标注;尺寸公差和形位公差是否合理齐全;各个零件的材料选择是否恰当;热处理要求和表面粗糙度要求是否合理。

(4)复查零件加工工艺是否合理、可行、经济。

任务评价

（1）完成如图5-1-19所示的塑件的模具设计。参照图5-1-20电池盖模具装配图，绘制塑料盖模具装配图，要求完成装配图的绘制及零部件尺寸的确定。

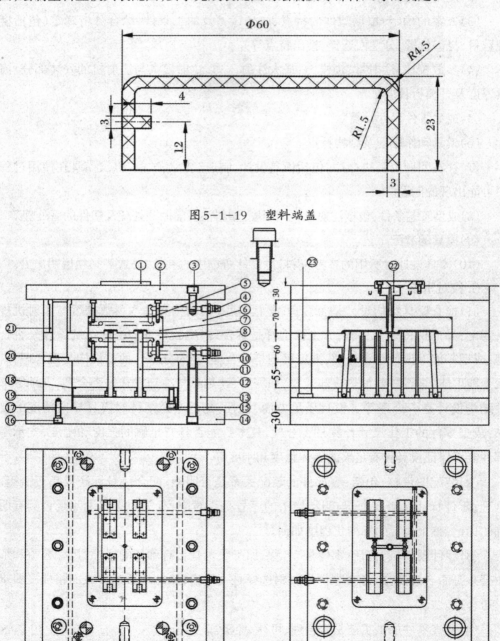

图5-1-19　塑料端盖

编号	零件名称	规 格	数量	材料	技术要求	备注
23	复位杆	∅25×135	4	STD		
22	唧嘴	∅12×100	1	STD	HRC40±2	
21	导套	∅30×70	4	STD		
20	导柱	∅30×125	4	STD		
19	销钉	∅6×22	4	STD		
18	面针板	400×210×20	1	45		
17	底针板	400×210×25	1	45		
16	杯头螺丝	M10×35	6	STD		
15	杯头螺丝	M10×30	4	STD		
14	底板	400×400×30	1	45		
13	方铁	58×400×100	2	45		
12	杯头螺丝	M14×140	6	STD		
11	斜顶	15×10×145	4	GS738	预硬290-330HB	
10	B 板	400×350×60	1	45		
9	杯头螺丝	M6×35	8	STD		
8	后模仁	250×150×30	1	GS738	预硬290-330HB	
7	前模仁	250×150×35	1	GS738	预硬290-330HB	
6	A 板	400×350×70	1	45		
5	密封圈	∅2×16(外径)	4	橡胶		
4	水管接头	1/4	4	黄铜		
3	杯头螺丝	M14×30	6	STD		
2	面板	400×400×30	1	45		
1	定位环	∅100×15	1	STD		

未注公差按下表：

尺 寸	公 差
0～100	±0.1
100～500	±0.2
500～1000	±0.3
>1000	±0.5
角 度	±5°

图名：遥控器电池后盖-模具装配图

模 号			
图 号			
设计	树脂材料	收缩率	注塑机
审核	版本	比例	单位 mm 图幅
批准	第三角度投影		第 张共 张

图 5-1-20 电池盖模具装配图

(2)根据塑料端盖模具设计情况进行评价,见表5-1-1。

表5-1-1 塑料端盖模具设计评价表

评价内容	评价标准	分值	学生自评	教师评价
模具装配图绘制	结构是否完整、合理	50分		
尺寸确定	是否合理	30分		
资料查阅	是否有效利用手册、电子资源等查找相关数据	15分		
情感评价	是否积极参与课堂、与同学协作完成情况	5分		
学习体会				

附 录

常见名称术语对照表

中文名称	企业称呼	中文名称	企业称呼
模架	模胚	复位杆	回针、扶针、复针、复位顶杆、复位顶针
定模镶件	前模仁、定模仁母模肉	斜顶	斜顶块、斜顶杆、斜方、推方
动模镶件	后模仁、动模仁、公模肉、钊、柯	镶件	入子
定位环	法兰	推杆	顶针、顶杆
浇口套	唧嘴、热咀	矩形推杆	扁顶针
斜导柱	斜边、斜销	阶梯推杆	有托顶针
锁紧块	铲基、铲鸡、止动块、斜楔	推管	司筒、套筒
耐磨板	耐磨片、油板	推管型芯	司筒针、套筒针
滑块	行位	垃圾钉	限位钉、顶针板止停销
进浇点	入水、入水点	注射机顶杆	顶辊、顶棍
流道拉料杆	水口钩针、水口扣针、拉料顶针	弹簧	弹弓
冷却水道	运水	内六角沉孔螺丝	杯头螺丝、杯头螺钉
密封圈	"O"形圈、胶圈	无头螺丝	机米螺丝、基米螺丝、止付螺丝
水嘴	水管头、喉嘴、水喉、冷却水接口	锁模器	开闭器、扣机、扣鸡、拉扣、拉钩、锁模扣
导柱	边钉、直边、导边	尼龙锁模器	尼龙拉钩、尼龙扣机、尼龙扣、树脂开闭器、尼龙胶塞、尼龙胶扣
顶出导柱	中托边、哥林柱、中托司	分型线	啪啦线（相应的分型面叫啪啦面）

附录二　海天公司部分注射机型号参数

海天 HTFX系列		HTF58X			HTF86X			HTF120X			HTF160X			HTF200X			HTF250X		
		A	B	C	A	B	C	A	B	C	A	B	C	A	B	C	A	B	C
螺孔直径	mm	26	30	34	34	69	40	36	40	45	40	45	48	45	50	55	50	55	60
理论容量	cm³	24	21	19	21	20	18	23	20	19	23	20	19	22	20	18	22	20	18.3
射出量	g	66	88	113	131	147	181	173	214	270	253	320	364	334	412	499	442	535	636
射出速度	mm/s	60	80	103	119	134	165	157	195	246	230	291	331	304	375	454	402	487	579
塑料化能力	g/s	145	145	145	104	104	104	121	121	121	124	124	124	126	126	126	124	124	124
射出压力	MPa	7	9.3	12	11	12	15	12	15	19	16	20	25	19	24	29	24	29	34.3
螺旋回转数	r/min	255			0～240			0～220			0～230			0～190			0～225		
锁模力	kN	810			860			1200			1600			2000			2500		
锁模行程	mm	270			310			350			420			470			540		
时间间隔	mm	310×310			360×360			410×410			455×455			510×510			570×570		
最大板厚	mm	320			360			430			500			510			570		
最小板厚	mm	120			150			150			180			200			220		
顶出行程	mm	70			100			120			140			130			130		
顶出力	kN	22			33			33			33			62			52		
顶出根数		1			5			5			5			9			9		

续表

海天 HTFX 系列		HTF58X			HTF86X			HTF120X			HTF160X			HTF200X			HTF250X		
		A	B	C	A	B	C	A	B	C	A	B	C	A	B	C	A	B	C
最大泵压力	MPa	17.5			16			16			16			16			16		
马达输出功率	kW	11			13			15			18.5			22			30		
加热器输出功率	kW	5.15			5.7			9.3			9.3			12.45			14.85		
机械外形尺寸	m	4.04×1.0×1.72			4.5×1.25×1.9			4.92×1.33×1.95			5.4×1.45×2.05			5.3×1.6×2.1			6.02×1.7×2.1		
机械重量	t	2.5			3.45			4			5			6.8			8.1		
贮料器容量	kg	25			25			25			25			50			50		
料筒体积	L	180			200			210			240			300			570		

附录三 常用热塑性成型工艺参数

	名称		低密度聚乙烯	高密度聚乙烯	丙烯腈-丁二烯-苯乙烯共聚物			氯化聚醚
	代号		LDPE	HDPE	ABS	高抗冲ABS	耐热型ABS	CPT
材料	密度	g/cm³	0.91~0.93	0.94~0.96	1.05	1.05~1.08	1.06~1.08	1.4
	收缩率	%	1.5~4.5	1.5~4.0	0.3~0.8	0.3~0.8	0.3~0.8	0.4~0.8
	熔点	℃	110~125	110~135	130~160	128~155	160~190	178~182
	热变形温度(45N/cm²)	℃	38~49	60~82	65~98	62~95	90~124	141
工艺参数	模具温度	℃	33~65	50~70	60~80	60~80	70~95	80~110
	喷嘴温度	℃	150~170	160~180	180~190	175~190	190~230	170~180
	中段温度	℃	160~180	170~200	180~230	175~225	200~240	180~210
	后段温度	℃	140~150	150~160	150~170	145~165	180~200	180~190
	注射压力	MPa	30~90	80~100	60~100	60~100	80~120	80~120
	塑化形式		螺杆式、柱塞式	螺杆式、柱塞式	螺杆式、柱塞式	螺杆式	螺杆式	螺杆式
	喷嘴形式		通用式	通用式	通用式	通用式	通用式	通用式
力学性能	拉伸强度	MPa	10~16	20~30	35~49	33~45	53~56	26
	拉伸弹性模量	GPa	0.10~0.27	0.42~0.95	1.8	1.8~2.3	2.0~2.6	1.1
	弯曲强度	MPa	25	20~30	80	97	78	49~62
	弯曲弹性模量	GPa	0.06~0.42	0.7~1.8	1.4	1.8	2.4	0.9
	压缩强度	MPa		18~25	18~39		70	0.9
	硬度		邵氏D41~46	邵氏D60~70	洛氏R62~86	洛氏R121	洛氏R108~116	洛氏R100

续表

电性能	体积电阻率	Ω·cm	>10^16	>10^16	>10^13	>10^16	>10^13	>10^16
电性能	介电常数		106Hz2.3~2.4	106Hz2.3~2.4	60Hz3.7	60Hz2.4~5.0	60Hz2.7~3.5	60Hz3.1~3.3

	名称		硬聚氯乙烯	软聚氯乙烯	聚苯乙烯	改性聚苯乙烯	玻璃增强聚苯乙烯	有机玻璃
	代号		UPVC	SPVC	PS	HIPS	GFR-PS	PMMA
材料	密度	g/cm³	1.35~1.45	1.16~1.35	1.04~1.06	0.98~1.10	1.20~1.33	1.18~1.20
	收缩率	%	0.2~0.4	1.5~3.0	0.2~0.8	0.2~0.6	0.1~0.4	0.2~0.8
	熔点	℃	160~212	110~160	131~165			160~200
	热变形温度(45N/cm²)	℃	67~82		65~90	64~92.5	82~112	74~109
工艺参数	模具温度	℃	30~60	30~40	40~60	40~60	20~60	40~80
	喷嘴温度	℃	150~170	145~155	160~170	170~180	170~180	180~250
	中段温度	℃	165~180	155~180	170~190	170~200	170~215	200~270
	后段温度	℃	150~160	140~150	140~160	150~160	150~170	180~200
	注射压力	MPa	80~130	40~80	60~100	60~100	70~100	80~150
	塑化形式		螺杆式	螺杆式	螺杆式、柱塞式	螺杆式	螺杆式	螺杆式、柱塞式
	喷嘴形式		通用式	通用式	通用式	通用式	通用式	通用式
力学性能	拉伸强度	MPa	35~50	10~24	35~63	14~68	77~106	50~80
	拉伸弹性模量	GPa	2.4~4.2		2.8~3.5	1.4~3.1	3.23	3.16
	弯曲强度	MPa	≥90		61~98	35~70	70~119	100~145
	弯曲弹性模量	GPa	0.05~0.09	0.006~0.012				2.56
	压缩强度	MPa	74~80	6.2~11.5	80~112	28~112	90~130	
	硬度		洛氏R110~120		洛氏M65~80	洛氏M20~90	洛氏M65~90	15.3HBS
电性能	体积电阻率	Ω·cm	6.71×10^13	10^11~10^15	10^17~10^19	>10^16	10^13~10^17	10^12~1.5×10^15
	介电常数		60Hz3.2~4.0	60Hz5.0~9.0	10^6Hz≥2.7	60Hz3.12		60Hz3.7

	名称		尼龙6	玻璃纤维增强尼龙6	尼龙66	玻璃纤维增强尼龙66	尼龙1010	玻璃纤维增强尼龙1010
	代号		PA6	GFR-PA6	PA66	GFR-PA66	PA1010	GFR-PA1010
材料	密度	g/cm³	1.10～1.15	1.21～1.35	1.13～1.15	1.22～1.35	1.04～1.07	1.19～1.30
	收缩率	%	0.7～1.5	0.4～0.8	1.0～2.5	0.7～1.0	1.0～2.5	0.3～0.7
	熔点	℃	210～215		250～265		205～210	
	热变形温度（45N/cm²）	℃	140～176	216～264	149～176	262～265	148～150	
工艺参数	模具温度	℃	60～100	80～110	60～110	100～120	60～90	70～90
	喷嘴温度	℃	200～210	200～210	250～260	270～280	200～210	200～220
	中段温度	℃	210～250	220～260	255～285	265～290	200～230	200～240
	后段温度	℃	200～210	200～210	240～250	250～260	190～210	200～220
	注射压力	MPa	80～110	90～130	80～130	90～135	40～100	60～120
	塑化形式		螺杆式、柱塞式	螺杆式、柱塞式	螺杆式、柱塞式	螺杆式、柱塞式	螺杆式、柱塞式	螺杆式、柱塞式
	喷嘴形式		自锁式	自锁式	自锁式	自锁式	自锁式	自锁式
力学性能	拉伸强度	MPa	60～65	164	74～80	120～210	54～55	174～178
	拉伸弹性模量	GPa	2.6	3.9	1.2～2.8	6.0～12.6	1.8	8.7
	弯曲强度	MPa	90～96	227	70～126		80～88	198～208
	弯曲弹性模量	GPa	2.3	7.5	2.8	4.7	1.3	4.6
	压缩强度	MPa	85	>147	105	220	65	140
	缺口冲击强度	kJ/m²	7.8～11.8	15.5	5.4～9.8	15～17.5	5～15.3	15～18
	硬度	HB	11.6	14.5	12.2	15.6	9.75	13.6
电性能	体积电阻率	Ω·cm	$1.7×10^{14}$	$4.77×10^{13}$	$>10^{14}$	$5×10^{13}$	$10^{14}～10^{15}$	$>10^{14}$
	介电常数		10^6Hz3.4		10^6Hz3.6		10^6Hz3.1	

参考文献
REFERENCE

[1]林新波.注射模具结构与实训[M].北京:化学工业出版社,2013.

[2]杨占尧.塑料成型工艺与模具设计[M].北京:航空工业出版社,2012.

[3]褚建忠,吴治明,闫瑞涛.塑料模设计基础及项目实践[M].杭州:浙江大学出版社,2011.

[4]田宝善,田雁晨,刘永.塑料注射模具设计技巧与实例(第二版)[M].北京:化学工业出版社,2009.

[5]覃鹏翔.图表详解塑料模具设计技巧[M].北京:电子工业出版社,2010.

[6]冉新成.塑料成型模具(第二版)[M].北京:化学工业出版社,2015.